生命的礼物

关于爱、死亡及存在的意义

A Matter of
Death and Life

［美］欧文·D.亚隆　玛丽莲·亚隆　著
Irvin D. Yalom　Marilyn Yalom

童慧琦 丁安睿 秦华 译　雅喆 审校

机械工业出版社
CHINA MACHINE PRESS

图书在版编目（CIP）数据

生命的礼物：关于爱、死亡及存在的意义 /（美）欧文·D. 亚隆 (Irvin D. Yalom)，（美）玛丽莲·亚隆 (Marilyn Yalom) 著；童慧琦，丁安睿，秦华译 . —北京：机械工业出版社，2023.4（2024.4 重印）

书名原文：A Matter of Death and Life

ISBN 978-7-111-71326-5

I. ① 生… Ⅱ. ① 欧… ② 玛… ③ 童… ④ 丁… ⑤ 秦… Ⅲ. ① 心理学—通俗读物　Ⅳ. ① B84-49

中国版本图书馆 CIP 数据核字（2022）第 153069 号

机械工业出版社（北京市百万庄大街 22 号　邮政编码 100037）

策划编辑：李欣玮　　　　　　　　责任编辑：李欣玮
责任校对：薄萌钰　　梁　静
责任印制：郜　敏

三河市国英印务有限公司印刷

2024 年 4 月第 1 版第 8 次印刷

147mm×210mm · 8.625 印张 · 1 插页 · 173 千字

标准书号：ISBN 978-7-111-71326-5

定价：79.00 元

电话服务　　　　　　　　　　　网络服务

客服电话：010-88361066　　　机 工 官 网：www.cmpbook.com
　　　　　010-88379833　　　机 工 官 博：weibo.com/cmp1952
　　　　　010-68326294　　　金 书 网：www.golden-book.com
封底无防伪标均为盗版　　　机工教育服务网：www.cmpedu.com

你活得越充实，便死得越坦然

愿你此生，了无遗憾

赞　誉

白露（北京市海淀医院安宁疗护科医生 ）：

死亡不是一个瞬间，是和衰老伴随发生的过程，只有在充分体验中才能使人生圆满。亚隆夫妇用未加修饰的生命故事汇成这本《生命的礼物》。我看到心理学大师在丧失面前会有和常人一样的哀伤感受，或者更甚，但他能细腻地表达我们不会言说的痛楚。这本应对死亡和哀伤的"答案之书"让我们看见哀伤，正视死亡，最后疗愈人生。

陈鼎（国家二级心理咨询师，上海一杯咖啡心理发起人）：

去不去养老院？久病在床只能等死？另一半先走了怎么办？中国人一向把生老病死当头等大事，但是对老后的现实和心理问题往往讳莫如深。我们正步入中度老龄化社会，本书也可看作是亚隆夫妇送上的一份"生命礼物"，让我们通过他们夫妻的真实故事，把自己的"大事"办好。

樊登（帆书 APP（原樊登读书）创始人、首席内容官）：

我读心理学的书比较杂，各种流派都有可观之处。这几年越来越喜欢存在主义心理学，因为它是站在今天去思考明天的解决方案，而不是沉溺在过去的痛苦之中无法自拔。欧文·D. 亚隆是存在主义心理学的一座高山，这本书是关于他自己的生活和苦痛。让我们看到心理学家是如何面对人生的拷问的。

范海涛（传记作家，"海涛口述历史·人物传记工作室"创始人）：

书如其名，亚隆大师的这本《生命的礼物》是一份有温度、有力量的"礼物"。面对生命中的离别与波折，直面死亡，接纳生命的起点与终点，四季轮转，万物更迭，都在一个"情"字。对生活不断追逐，对生命永远炙热，亚隆夫妇的故事透露出人文关怀，似涓涓细流和冬日暖阳打动了我，我也愿意把这份生命的智慧和理性分享给大家。

李佳（盘古智库老龄社会研究院副院长、老龄社会 30 人论坛成员）：

长寿时代虽已到来，但人们普遍没有为此做好准备。面对全新的"第三人生"，如何更好地生，如何更好地死？这本书可以帮助我们更好地理解生命的意义。

李孟潮（精神科医师，心理学博士）：

本书记录了亚隆夫妻临终时的心路历程，探索了人类如何整合老年期的两大感受：统整感和绝望感，以期帮助人们达到心理发展的终点——种熟而脱、与时偕行、到站下车、笑迎死亡。译者和编者颇费心思,译笔流畅优美,且配有丰富注解。祝愿读者也可以通过此书,在死亡的钝感中收割存在主义的领悟,照见无明动而轮转生,妄想兴而涅槃现之妙理。虽经历阴阳顺序天造草昧之险难,仍可以经纶风雷建侯刚柔,最终断惑出生死。

李松蔚(临床心理学博士):

这是生命和死亡的意义之书。两位相爱了六十多年的高龄老人,一同携手面对晚景。他们的学识、财富、智慧和美德,使得他们在病痛折磨下尽力保持体面和从容,而他们对生命意义的追问仍未休止,从而在这本书里呈现出了一种最高贵、最理想,同时也最诚实地面对死亡的态度。

陆晓娅(新闻人、心理人、教育人、公益人,著有《影像中的生死课》):

从两个人的视角看,在《生命的礼物》一书中,我们不仅看到了作为心理治疗大师的欧文,自己是如何面对丧失与哀伤的,我们也看到了一个人,是如何勇敢地面对自己的死亡的。这部两个人的合著,是生命与死亡的交响乐,是超越死亡的生命赞歌,是玛丽莲以她的死,欧文以他的活,为我们所有人奉上的珍贵礼物。

马皑(中国政法大学教授,博士生导师,犯罪心理学家):

生命如同太阳,有日出就有晚霞,乐观面对可以体验人生的豁达。曾经,心理治疗界超级巨星欧文·D. 亚隆的《直视骄阳》带我们触摸了死亡焦虑与恐惧的脉搏,今天他又奉上《生命的礼物》,从死亡亲身经历者和体验者的视角带领读者领略亲情、友情、爱情,以及在克服死亡焦虑、面对人生终点时的思考与应对。太阳终将升起，你我向死而生！

宁晓红（北京协和医院安宁缓和医疗组组长，老年医学科主任医师）：

面对疾病、衰老和死亡不是件容易的事情。我有幸以一名安宁缓和医疗医生的身份出现在一些患者生命最后的时光中，感受他们的痛苦、无助、坦然、幽默、遗憾，还有满足……也曾听过他们在诊室内与我分享的人生片段，我希望我总能为他们提供更多的帮助……欧文·D. 亚隆大师与爱妻玛丽莲·亚隆在生命最后的分享让我能够近距离、详尽地品味这对有充分社会支持、人生充满意义的伴侣面对死亡和分离时的真实感受。我最想说"谢谢你们的慷慨分享，我从中获得无穷多的启示和力量，去帮助更多的需要帮助的人"。

牛勇（人本存在主义学者，高校心理教师）

科技的发展和物质的丰富让人类逐渐有了轻侮自然之心，人与人之间的关系日渐疏离、物质化。人类该何去何从，如何去体验生命，如何让自己有限的人生过得更有意义，如何感受爱，日益成为当代人最为关切的主题。亚隆这位当代最伟大的存在主义治疗大师和他的夫人玛丽莲，用最切身的体验去阐述面临死亡时的真实内心。死亡一直是人类文化的禁忌之地，人们对此充满了恐惧，但死亡又是人类存在的四个基本既定阶段之一，是人类与自然联结的重要纽带之一，是我们害怕却又难以避免的最终归宿。这本书填补了空缺，让我们从一对即将迈向离世的老人那里认识到死亡、爱和生命的意义。撰写这段话的时候我的父亲刚刚过世，内心正经历无尽的伤痛，感谢这本书，让我提前触碰到我最脆弱的部分。

彭华茂（北京师范大学心理学部教授、博士生导师）：

埃里克森说，人到老年需要完成自我整合的发展任务。理解自我和他人关系的联结，接纳死亡，是自我整合的重要内容。88岁高龄的欧文·D.亚隆和87岁的妻子玛丽莲·亚隆携手完成了这个任务，也为我们回答了这个问题：爱是否能给我们勇气死去或者活着？

秦苑（北京市海淀医院安宁疗护科主任）

从事安宁疗护工作之后，深切地体会到生命中只有真实的东西才是有力量的，因为真实是建立联结的基础。

在这本书中，亚隆夫妇联手记录下妻子玛丽莲在罹患重病、生命末期阶段的心路历程，那份真实与坦诚，让读者感同身受地与他们两人一同经历跨越生死的跌宕情感。

也让我再一次学习到在死亡面前，唯有真实面对和倾情陪伴，才能带来支持和力量。

时尚奶奶（中国时尚晚年意见领袖）：

在宏大的生命历程中，我们从呱呱坠地开始就要写就一生归途。这本书涉及生命中的"老""病""死"，但是与其他书不同的是，我们读起来不仅不沉重，反而是温暖的、平淡的、幸福的，更让我们以平静之心看待归期，过更洒脱的人生。

孙思远（远读重洋创始人）：

亚隆的作品读过很多，《生命的礼物》无疑是最特殊的一本。它既是亚隆对爱人最后的告白，更是一场振聋发聩又温柔万分的死亡教育。拿起这本书，我读到了勇气和真诚，读到了人性的伟大和智慧的光芒。

唐文（氢原子 CEO）：

人活着要独立，但独立绝不意味着你只为自己而活。人生意义的奥秘存在于自我与他人，自我与万物的关系和联结中，联结即意义。

糖心理：

当死亡迫近，便不得不再次直视骄阳。在这本由亚隆夫妇共同执笔的书中，无论是他们生死不渝的爱情，面对死亡的坦诚与勇气，还是对丧失的哀悼，都令人为之动容。相信这份"生命的礼物"会让更多人在生前死后这两团黑暗之间，绽放出更美的微光。

童慧琦（美中心理治疗研究院创始人）：

生命是一份礼物。生命与生命的相遇是一份礼物。对这份相遇的叙述也是一份礼物。

此刻，这份生命之礼被你捧在手中，愿欢喜，愿珍爱。一位存在主义心理治疗师和一位女性主义学者有关爱和工作，以及他们如何直面衰老和死亡，从青涩少年到耄耋之年，逾65年的生命故事。

王珲（十分心理创始人）：

这部温暖又揪心的著作，写于欧文·D.亚隆88岁，与87岁相伴一生的爱侣玛丽莲诀别的时刻。他们记录了在一起的最后时光。最终玛丽莲先于亚隆离世。他们坦陈对存在的思考，触摸衰老，直视死亡。生命宁静而庄严。像亚隆以往任何一本著作一样，这本书让人无法放手。让我泪目的是，即使即将谢幕，亚隆终身对于心理治疗的热爱、对来访者的使命仍跃然纸上，"可以有机会帮到这么多人，我感觉自己是如此幸运"。这真是"成熟圆满"人生的感觉。

吴燕恬（资深畅销书策划出版人、天演文化创始人）：

"生命的礼物"，当我们看到这五个字的时候，内心都饱含着对生命的无限敬意和无上诚挚。在这一点上亚隆和爱妻也是如此。这是一本临终日记，写满了对生命的敬重与眷恋，呵护与珍视。大量翔实细节，具有很强的启发性和指导意义。这也是一本情书，写满了爱人之间最后的爱情，在临终之前，一呼一吸都是因为爱。直到爱得精疲力竭，才悄然选择画上句号。呼吸停止，心跳停止，爱永不止息。

吴主任（抖音知名荐书人、《形势比人强》作者）：

人类身上包括欲望、焦虑、自我价值等行为驱动力，根本上是因为人必有一死。学习如何面对自己以及亲人的逝去，是我们过好这一生的关键。

武志红（资深心理咨询师、畅销书作家）：

孤独、死亡、自由和生命的意义，是存在主义心理治疗流派关注的四大主题。存在主义心理学大师欧文·D. 亚隆如是说。那么，当他陷入衰老，而他挚爱的妻子玛丽莲被确诊癌症时，这份死亡与孤独的议题，他如何面对？在《生命的礼物》这本书中，亚隆夫妇一起记录了他们如何面对这个议题，最终，玛丽莲早亚隆一步而逝，而留下亚隆在孤独之中。

欧文·D.亚隆也许是美国当世最为著名的心理学家，他的诸多著作被翻译成中文，因而也广为我们所知。与其他心理学家的著作不同，他的著作均有极高的文学水准，而且无比真诚，这本《生命的礼物》也不例外。借由这本书，我们也可以看到，这位智者是如何拥抱衰老、疾病、死亡和孤独的，它也可以教会我们直面这些议题，同时看到，生命是一个礼物。

杨芳宇（首都医科大学护理学院博士、副教授）：

两位著名学者在面临生离死别时，用他们的睿智、勇气、大爱为我们留下了视角独特的素材，这在安宁疗护刚起步的当今中国，更显得弥足珍贵。安宁疗护不是等待死亡，而是拥抱生命，这在他们身上得到了最好的诠释。

游雅如（资深心理咨询师，北京市海淀医院安宁哀伤项目志愿者）

世间有成就的男男女女很多，但如此相濡以沫、琴瑟和鸣相伴达65年的伴侣不多，而像亚隆和玛丽莲彼此敞开和坦诚相对，更是少之甚少。正因为如此，分离更不是件易事。《生命的礼物》诠释了"活得越充实，便死得越坦然"和"爱，就是如其所是，如其所愿"，充满了力量和温暖。

朗朗乾坤，唯爱永存。

张雅萱（人本存在主义实践者，欧文·亚隆团体认证督导师）

失去玛丽莲，再也无人可以穿透我深邃的孤寂——这是本书里最打动我的。

流泪读完每一章节，细细品味这对牵手一生的灵魂伴侣对爱、对人生的留恋与回忆，以及最难最痛的时刻仍携手而至，用此书完成他们最后的告别……除了让我充满敬畏之心，这本书也是我收到的最美、最动人的生命礼物。

以上推荐人按姓氏拼音排序

洛莉·戈特利布（Lori Gottlieb），著有畅销书《也许你应该找个人聊聊》：

半个多世纪以来，著名的精神病学家欧文·D. 亚隆所写的关于人类心灵的故事让全世界为之惊叹，充满了智慧、洞察力和幽默感。现在，以惊人的坦率与勇气，他和我们分享了他一生中最艰难的生活经历：失去从青春期起就陪伴自己的妻子，在共同撰写本书的过程中无法回避的不可磨灭的丧亲之痛、恐惧、痛苦、否认和被迫的接受。但留给我们的远不止这些，而是一个深刻的故事，一个令人难忘的关于持久爱情的痛苦美丽的故事。很多年后我依然会记得它。

凯博文（Arthur Kleinman），著有畅销书《照护：哈佛医师和阿尔茨海默病妻子的十年》：

这是一本了不起的书，和它的作者亚隆一样了不起，大师级的存在主义治疗师和博览群书的作者，还有玛丽莲，一位多才多艺的学者和作家。总之，亚隆夫妇以极大的勇气共同撰写了他们的故事，分享了情感上和精神上的互相关心。亚隆终其一生都在追求关于生命与死亡艺术中的智慧，这本书堪称是巅峰之作。这是一本能改变读者的书——我无法放下它。

目　录

赞　誉

推荐序

译者序

前　言

第 1 章　救命的盒子　/ 1

4月

第 2 章　成为一名病人　/ 13

5月

第 3 章　幻灭感　/ 22

5月

第 4 章　为什么我们不搬入养老院　/ 29

6月

第 5 章　决定退休　/ 37

7月

第 6 章　困境与重燃希望　/ 44

6月

第 7 章　再一次 直视骄阳　/ 53

8月

第 8 章　这到底是属于谁的死亡　/ 67

8月

第 9 章　面对终点　/ 71

8月

第10章　考虑医生协助　/ 78

8月

第11章　揪心的周四倒计时　/ 84

9月

第12章　完全的意料之外　/ 93

9月

第13章　如今，你已然知道　/ 98

10月

第14章　死刑　/ 106

10月

第15章　向化疗道别，以及保持希望　/ 112

10月

第16章　从缓和照顾到临终关怀　／115

11月

第17章　临终关怀　／126

11月

第18章　抱慰人心的幻觉　／131

11月

第19章　法文书籍　／134

11月

第20章　终点临近　／139

11月

第21章　死亡抵达　／144

11月

第22章　死后　／148

11月

我们将铭记

第23章　作为一个独立的成年人，生活　／170

40天后

第24章　独居　／179

43天后

第25章 性和哀伤 / 182

45天后

第26章 非现实感 / 187

48天后

第27章 麻木 / 193

50天后

第28章 叔本华的帮助 / 197

60天后

第29章 明显在否认 / 203

63天后

第30章 走出去 / 206

88天后

第31章 举棋不定 / 212

90天后

第32章 重温自己的作品 / 215

95天后

第33章 哀伤治疗的七堂课 / 220

100天后

第34章 我的继续教育 / 225

110天后

第35章 亲爱的玛丽莲 / 229

125天后

充分活过才不惧死亡

终于拿到了简体中文版的欧文·D.亚隆和玛丽莲·亚隆合著的书，书名为《生命的礼物：关于爱、死亡及存在的意义》。虽然书名的意思与亚隆原著英文版的书名（*A Matter of Death and Life*）相差较大，但我还是觉得挺好的。何也？因为这真的是一份生命的礼物，是玛丽莲留给欧文的最后的礼物，也是他们两个人留给我们所有人、留给这个世界的礼物。

这是一份无价的礼物。

当我最开始看此书的英文版时，我的阅读重心似乎偏在欧文身上——毕竟，我看过他的很多书，毕竟我在心里头将他视为专业上的老师，毕竟我对生死议题的关注来源于他的《直视骄阳：征服死亡恐惧》，我还专门去美国拜访过他，那种因面对面接触而产生的亲近感，让我对他有一种特别的惦念。作为携手走过 65 年婚姻的高龄老人，欧文该怎样熬过这丧妻之痛？作为一个关注死亡和丧失的心理治疗家，欧文在这个过程中到底经历了什么？感悟到什么？又是什么帮助他挺过来，最终完成了这部著作？他的哀伤经历又会给我们带来怎样的启发？这都是我特别想通过阅读知道的。

多年来阅读欧文·D. 亚隆的书，以及对他的拜访，让我明白了他深深吸引我的，不仅是他的睿智，他对人类心理的洞见，他在治疗方法与手段上的探索与创新，还有作为一个人，他的真诚与内外一致。

这本书作为生命礼物的宝贵之处，我想首先因为它是真诚之作。如果说，《直视骄阳》等著作中所讨论的死亡，更多的是欧文对死亡的理性思考，以及他在心理治疗中帮助来访者探索相关议题积累的经验，那么在《生命的礼物》中，他面对的是自己，是自己在生命中最亲近的人死亡时，出现的巨大伤痛和种种情绪困扰。他把他的挣扎、痛苦、哀伤以及种种"症状"——否认、强迫意象、性的冲动、绝望、抑郁等——毫无保留地告诉了我们，从而留下了一份真实的同时也是极其珍贵的心理档案，让同行们能更真切、更深入地了解死亡与丧失会给人带来怎样的影响，又有哪些因素可以让人走出哀伤，重建生活；对于那些有着类似经历的人和即将经历亲人去世的人，阅读这部真实的心理档案，无疑会带来极大的共鸣、启发和疗愈。

尤为感人的是，这本书还让我们看到一位 90 岁上下的老人面对丧妻之痛，如何通过写作，通过阅读，通过与人的联结，重新找到生存的力量，他战胜了自己的恐惧与孤独，在 90 岁时开始学习独自生活。这种鼓舞人心的伟大超越，这种人生高龄阶段的成长，为我们战胜自己的脆弱提供了榜样。

如果说在第一次阅读中，我从欧文身上所获甚多，那么在第二次阅读时，我似乎更加留意玛丽莲。也许，我们都身为女性，我很不愿意她对本书的贡献被埋没。这本书可以说是玛丽莲"策划"的，是她让欧文暂停另外一本书的写作，和她一起完成这本书——她深知真实地记录自己的死亡与欧文的哀伤具有重要意义；她也深知，在自己离世之后，这部尚未完成的书，会成为一座灯塔，引导欧文从灭顶的哀伤中一步步走出，继续活下去，继续创造价值。

我之所以更加留意玛丽莲，也许还因为她本身就是一位了不起的学者，许多著作都译成了中文。我在手术前夕阅读她的《乳房的历史》，看到她从神话、家庭、政治、心理、商业化、医学等不同角度为乳房所写的历史，真是眼界大开，让我少了许多恐惧与担心。我想她的博学与睿智，是和欧文比肩的，甚至这本书的署名，或许也应该改为玛丽莲·亚隆与欧文·D. 亚隆，虽然欧文的篇幅更多。

我更留意玛丽莲，也许还因为近年来我在安宁病房提供志愿服务，更直接地接触到临终患者和他们的家人，我对于一个人会"怎样死"有着极大的好奇与关切。这本书无论是玛丽莲自己写的章节，还是欧文所写章节中的玛丽莲，都让我有机会看到一个真实的人是如何面对自己的死亡的，以及她的死亡本身所创造出的意义。

玛丽莲与欧文相识 70 载，她深知自己先走一步会带给欧文怎样的重击与哀恸。2015 年，当我们去帕洛阿尔托拜访亚隆夫妇的时候，我看到的玛丽莲似乎比亚隆更健康、更有活力。我一直以为他们这对爱侣，走在前面的可能是欧文。我也一直觉得，相濡以沫几十年的夫妇，先走的是更为幸运的，因为不会面对那种"你哪儿都在，哪儿都不在"的锥心之痛和茫然无措，不用经历丧失所带来的巨大哀伤与无边孤独，不必在漫长的相伴之后再去适应一个人的生活。我本以为，欧文是那个幸运的人，也许比起身为女性的玛丽莲，他更无法适应一个人活在世上；而女性，似乎有更大的韧性面对这样的丧失，因为她们更善于与人联结，更善于从微小的、具体的事情中，体验到真善美，从而让自己在丧失爱侣之后，仍然能感受到生命的意义——这让她们更容易活下去。

但命运竟然不是这样安排的！

几年前看上去还很健康的玛丽莲，竟然得了多发性骨髓瘤！这是一种极为凶险的疾病，骨髓中的浆细胞会像肿瘤细胞一样无限制地增殖，而且大部分病例伴有单克隆免疫球蛋白分泌，最终导致器官和组织损伤。而且这个病到了晚期，往往会产生极度的、难以控制的疼痛。我在安宁病房服务时，就碰到一位患了多发性脊髓瘤的阿姨，她痛到完全无法动弹，连翻身改变体位都会带来巨大的痛苦。为了减少疼痛，她只能一动不动地躺在床上，可以想象那是生不如死的痛苦！

和大多数患者一样，早期玛丽莲还是选择了积极治疗，包括化疗、免疫球蛋白疗法等。但是治疗的副作用，也将玛丽莲的身体摧残得千疮百孔，她不断思考着"为什么还要活下去"。玛丽莲在她过去的工作中，早已建立起自己的社会支持系统，有些是她作为法国文学教授时所认识的朋友，有些是她在斯坦福大学克莱曼研究所任职时所结识的女性学者，他们给予她的关心和爱，让她得到了一个比较复杂的答案："在这些痛苦煎熬的日子里，我愈加体悟到自己的生命与他人的紧密相连——不只是与丈夫和孩子们，还有许多为我雪中送炭的朋友们……一个人活着并不仅仅为了自己，也为了他人。"

面对死亡，玛丽莲显然并不是从"小我"出发，她早已走向了"大我"。在她的思考与选择中，不仅有自己怎么样，还有自己的选择给别人带来什么。正是感觉到欧文还没有做好失去她的准备，正是看到欧文在她患病后成为"最深情的守护者"，"不厌其烦、善解人意"地陪她看病，陪她化疗，为她开车，给她做饭，晚上握着她的手和她一起看电影……她才在痛苦与煎熬中，寻求着不同的医疗方案，希望让生命延续下去。

尽管玛丽莲爱欧文，爱孩子们，爱朋友们，但是，她并没有丧失自主性。她不断地在思考着死亡，也从她读过的小说、诗歌中汲取着生死智慧。她开始为自己的死亡做准备：她回顾自己的一生，感到87岁的自己"已经拥有了一个精彩的人生"，因此死亡对她而言，并非一个悲剧。她整理自己的文字作品，将自己的法文藏书捐献给了斯坦福大学法语系（望着空空荡荡的书架，她也感到了哀伤）；

她交托出已经完成的书稿《无辜的见证人》，一部第二次世界大战中孩子们的回忆录；她发出一封感人至深的邮件和朋友们告别；她将首饰分给女儿和儿媳，将心爱之物送给孙辈；让子女去看墓地，与殡葬公司联系，并且要在自己"依然清醒，还能表达意愿时"，"亲自选定死亡的日子"。这些让欧文深为震惊的行动，在我看来，却是一个人最勇敢和最智慧的选择：既然死亡不可避免，就让我来为即将到来的死亡做出决定，做好准备吧。

终于有一天，玛丽莲对欧文说："是时候了，欧文，够了，欧文，让我走吧！"玛丽莲希望自己能像尼采说的那样"死得其时"，她选择了在加利福尼亚州已经合法化的、在医生的帮助下尽量没有痛苦地死去：在欧文的怀抱中，在四个孩子的见证下，玛丽莲自己服下医生提供的致命药物，渐渐地停止了呼吸。

这是何等令人羡慕的一生！她将神智的清醒和身体的完整保持到了最后，并为欧文的观点"充分活过的人不畏惧死亡"提供了一个最生动的案例、一个最详尽的注释。还有什么能比得上这份礼物的珍贵呢？

　　玛丽莲与欧文相爱 70 年，她有着与欧文同样的精神高度和知识丰富程度，她不断地与欧文分享自己的阅读和思考，成为他人生的对话者、灵感的激发者，她不仅是欧文的生活伴侣，更是他的灵魂伴侣（soulmate）。正如欧文所说，玛丽莲"为自己打开了一扇创作世界的窗，如果不是玛丽莲，自己会和医学院里的老伙伴们做一模一样的事"。何其幸哉，欧文能在年轻时遇到玛丽莲，并与她携手走过一生！

　　从事安宁疗护的人很喜欢说一句话："一个人怎么活，就怎么死。"玛丽莲似乎再次验证了这句话。她充分地活过了，现在以自己平静坦然的死，以她对欧文合著一本书的邀请，让我看到了死亡本身也可以创造出意义。

　　从两个人的视角看，在《生命的礼物》一书中，我们不仅看到了作为心理治疗大师的欧文，自己是如何面对丧失与哀伤的，我们也看到了一个人，是如何勇敢地面对自己的死亡的。这部两个人的合著，是生命与死亡的交响乐，是超越死亡的生命赞歌，是玛丽莲以她的死，欧文以他的活，为我们所有人奉上的珍贵礼物。

欧文在书中说，他对自己的死并不感到害怕，他的恐惧"源自对生命里再也没有玛丽莲的想法"。

现在，老人家已经战胜了这个恐惧，在遵守诺言完成了这部与玛丽莲的合著后，又写出了一部新的作品，关于心理治疗中的"此时此地"（Here and Now），这让我感到欣慰，更感到震撼。生命，永远有新的可能性！

让我们学习玛丽莲，充分地活，坦然地死。

让我们学习欧文，不断地超越自己，让自己活得更加充分，活得不负此生。

陆晓娅

译 者 序

　　"只要可能，你需得生活在有趣的地方。这样，你可以遇见有趣的人，见证有趣的事。"

　　我不记得这句话是从哪里听来的，还是我自己总结出来的。总之，这些年，从波士顿到硅谷，我遇见了诸多有趣的人，见证和参与了一些有趣的事。

　　亚隆和他的妻子玛丽莲无疑是一对有趣的人。他们从十来岁相识，男孩对女孩一见钟情，女孩让一个在贫困中成长起来的男孩内心怀有了向往和希望。接下来的 65 年里，他们生儿育女，行走四方，著书立说，彼此砥砺和成就。玛丽莲成了亚隆的疗愈。亚隆一直絮絮叨叨地臆想他离开人世后玛丽莲会如何继续生活。却不料，玛丽莲先于他走了。

2019年6月16日，父亲节，我捧着鲜花去拜访亚隆夫妇。亚隆走路有点不太稳当，他的儿子维克多介绍我时，追问了一句："这是慧琦，你记得吗？"我心里"咯噔"了一下。亚隆和他的女儿及孙辈打着纸牌时，我与玛丽莲坐在沙发上聊天。窗外橡树的枝枝丫丫印照着窗内的那份静谧。那天我们都穿着蓝裙子，"蓝裙子真好看"——几乎异口同声。

在上一次见面与这一次见面之间，春夏秋冬已过了几轮。我告诉玛丽莲我去斯坦福大学工作了，就在他们的老朋友大卫·斯皮格尔（David Spiegel）的整合医学中心，她的眼睛亮了一下。玛丽莲是一个女性主义作家和研究者，接下来我们聊了很多女性的话题，从法国的蓝袜子俱乐部，到我们曾经去过的英国牛津的黑井（Blackwell）书店。1976年的5月她在牛津，我则是于2016年的5月在那里，我告诉她我在黑井发现了一本叫《蓝袜子》的书。她取出一本新出版的《闺蜜》繁体字版本，告诉我里面也提到了蓝袜子俱乐部。她在书上赠言：Hui Qi，for sisterhood（慧琦，为了我们的姐妹情谊）。突然就拉近了我和她之间的距离，毕竟我们是两代人，她比我的母亲还要年长六岁。我有一种终于长大了的感觉，平添了一分姐妹义气。我们也说起中文之美，她若有所思地说："如果重新来过，我会学习中文。"聊了一会儿，她觉得有点不适，躺在了沙发上。

我原本准备感恩节后再去一次，而维克多说："我不是很确定，玛丽莲的身体状况不太好。"玛丽莲于 2019 年 11 月 20 日去世。在她弥留之际，我一直沉浸在莫名的心绪中，一直冲动想去见她最后一面。但我又似乎是那个尊重她并且循规蹈矩的人。那个早晨，我在家的书桌上，燃一根沉香，摆出她赠送的两本书，祈愿她会有一个平和顺利的过渡。在她的赠言下，我写了一句话，拍了照，发给维克多，让他转给她看。后来在翻译书的时候得知，她其实并不相信有来世。她只负责尽情地把这一世活得有声有色。

2021 年春，我接到出版社的邀请，作为被指定的译者来翻译亚隆夫妇合著的《生命的礼物》。对我来说，这份指定的邀请本身就是一份礼物，一份信任的礼物，也是一份对两个与我有交集的生命的回忆的礼物。当然，亚隆拥有众多热切的华人读者，于是我也把这份礼物与丁安睿、秦华和雅喆分享。我们在微信上组了一个翻译小分队，及时分享翻译工作中的一些问题和感想，也情不自禁地分享各自生活中的遭遇。当时正值新冠疫情此起彼伏，我们敏感地感受着自身和亲人的生命状态：疾病、手术、活检。等待疾病确诊或排除的消息，远方熟悉之人的离去，具体或精神层面上的丧失，如何爱，如何活，如何放手，伴随着翻译工作的推进，"万千忧伤与万千释然"皆为我们而来。进行审校的雅喆则是在下班之后的夜深人静中，在触摸文字的脉络时，体验到了一份静谧和深情。

翻译真是件意味深长的事，除了语言的转化，更是生命的交集。我们同处一个时代的某一段时间，于我，也还有职业之路上的交集。从 2006 年翻译亚隆的《日益亲近》，到 2021 年翻译《生命的礼物》，15 年时光倏然而过。15 年前，我在帕洛阿尔托的大学忙于寻找实习机会和写论文。15 年后，我在亚隆曾经工作的、同样在帕洛阿尔托市的斯坦福大学精神和行为医学系工作。深切地感念到这里曾经是他出入的地方。2019 年 2 月 14 日，我从我的办公室里写了一封邮件给他：

惊人的消息！——我在 Quarry 路 401 号我的办公室里给您写信，因为我刚在 2 月 1 日加入了精神和行为医学系大卫·斯皮格尔的团队。每次踏入 401 号楼，当年参加读书会，阅读您正在书写中的《直视骄阳》的书稿的记忆就生动地重新回来了——您骑着自行车而来，穿着一件浅紫色的毛衣，坐在我的左手边上。

我此刻正在审校《成为我自己》一书。对您有了更多的了解：您服过役，在怀特霍尔医生的第一次会上睡着，您去过上海的一家天主教堂（可能是我母校——原上海医科大学附近的那座），而最重要的是，您如何成为美国最好的精神科医生，并激励着成千上万的中国治疗师，这在美国历史上是前所未有的。这本书的翻译工作进展很顺利，不过，我有几处需要您的确认，我会写邮件给您。

我刚刚完成新职工培训，开始阅读转诊给我的病人的病历，我记得您说的：让你的病人教诲你。这句话既令人安慰又赋能于我，是的，作为治疗师，越来越多的时间里，我以病人为师。

最后，我祝您和玛丽莲拥有一个甜美的情人节——你们是怎样的一对爱鸟啊（What LOVE birds you are），如果允许我这么说的话。

他的回复永远是言简意赅的：谢谢你那封可爱的来信，慧琦。我好高兴，我的工作对你来说是有意义的。Irv Yalom。

与我所遇见的其他师长不同，他从不写"with love"之类，签名也从来都是连名带姓。而我也从来都称他"Dr. Yalom"，而不是"Irv"。虽然在帕洛阿尔托的马路上撞见他，他会在你的额头亲一下，但他就是那个有点老派的"Dr. Yalom"！

生命是一份礼物。生命与生命的相遇是一份礼物。对这份相遇的叙述也是一份礼物。

此刻，这份生命之礼被你捧在手中，愿欢喜，愿珍爱。有关亚隆的心理治疗和玛丽莲的女性主义写作，你可以从诸多书中了解。《生命的礼物》一书，则为你呈现最直指人心的故事：

一位存在主义心理治疗师和一位女性主义者有关爱和工作的故事，以及他们如何直面衰老和死亡的故事，从青涩少年到耄耋之年、逾 65 年的生命故事。

童慧琦

前　言

　　在约翰斯·霍普金斯大学接受研究生培训后，我们都开始了学术生涯，我在那里完成了精神病学住院医培训，而玛丽莲则获得了比较（法国和德国）文学的博士学位。我们一直是彼此的第一个读者和编辑。在我写我的第一本书，一本关于团体治疗的教科书之后，我获得了意大利贝拉吉奥写作中心洛克菲勒基金会的写作研究员奖，资助我撰写我的下一本书《爱情刽子手》（*Love's Executioner*）。

　　我们到达那里后不久，玛丽莲就跟我说她对撰写女性对法国大革命的回忆越来越感兴趣，我赞同，她拥有了足够的好材料来写一本书了。所有洛克菲勒的学者都得到一套公寓和一间单独的写作室，我劝她去问问主任是否也有适合她的写作室。主任回复说，为学者的配偶提供写作室是一个不同寻常的要求，而且，主楼中的所有工作室都已经分配好了。

不过，经过几分钟的思忖后，他给了玛丽莲一间未在使用中的树屋工作室。工作室在一个邻近的森林中，只需步行五分钟的路程。

玛丽莲对此感到高兴，她兴致勃勃地开始写她的第一本书《被迫见证：法国大革命的女性回忆录》（*Compelled to Witness: Women's Memoirs of the French Revolution*）。她从未如此快乐。从那时起，我们便成了同伴作家，在她的余生中，尽管有四个孩子需要照顾，有全职教学和行政职位需要兼顾，但我写一本书，她也会跟着写一本。

2019 年，玛丽莲被诊断出患有多发性骨髓瘤，一种浆细胞癌（在骨髓中发现会产生抗体的白细胞）。她所用的化疗药瑞复美（Revlimid）引发了中风，以至于要去急诊室就诊并在医院住了四天。她回家两周后，我们在离家只有一个街区的公园里散步，玛丽莲宣布："我心里有一本书，我们应该一起写。我想记录我们面前的艰难日子。也许我们的试验对别的其中一人面临致命疾病的夫妇会有些用处。"

玛丽莲经常为她或我应该写的书提主题，我回答说："亲爱的，这是一个好主意，你应该投入其中。联合项目的想法很诱人，但如你所知，我已经开始写一本故事书了。"

"哦，不，不——你不要写那本书。你和我一起写这本！你会写你的章节，我会写我的章节，它们交替着来。这将是我们的书，一本跟任何别的书都不像的书，因为它需要两个头脑而不是一个，是一对结婚六十五年的夫妇的反思！一对走在通往最终的死亡道路上，非常幸运地彼此拥有的夫妇。你会带着你的三轮助行器走路，而我会用最多可以行走十五或二十分钟的腿走路。"

～

在 1980 年出版的《存在主义心理治疗》（*Existential Psychotherapy*）一书中，欧文写道：如果你对自己的生活没有多少遗憾，那么面对死亡会更容易些。回顾我们共同的漫长生活，我们很少后悔。然而这并不能让我们更容易忍受我们现在每天所经历的身体上的煎熬，也无法抚平将要离开彼此的痛苦。我们如何与绝望做斗争？我们如何有意义地生活到最后？

～

在写这本书的时候，我们正处于大多数同时代人都已经过世的年龄。我们现在每天都知道，我们在一起的时间是有限的，极其宝贵。我们写作是为了理解我们的存在，即使它把我们扫进了身体衰退和死亡的最黑暗区域。这本书的首要意义是帮助我们度过生命的尽头。

虽然这本书显然是我们个人经验的产物，但我们也把它视为广泛的有关临终关注的对话的一部分。每个人都希望获得最好的医疗服务，从家人和朋友处找到情感支持，并尽量没有痛苦地死去。然而即使我们拥有着医疗和社会优势，我们也无法免受即将到来的死亡带来的痛苦和恐惧。像每个人一样，我们希望保持我们剩余生命的质量，即使我们容忍有时会使我们生病的医疗程序。为了活下去，我们愿意承受多少？我们怎样才能尽可能无痛地度过我们余下的生命？我们怎样才能优雅地把这个世界留给下一代呢？

我们都知道，几乎可以肯定的是，玛丽莲会死于她的疾病。我们将一起写这本关于未来的日记，并希望我们的经验和观察不仅能为我们，也能为读者提供意义和宽慰。

欧文·D. 亚隆

玛丽莲·亚隆

4 月

第 1 章　救命的盒子

我，欧文，发觉自己时常伸手去摸左胸口。上个月，这里植入了一个金属盒，大小有 2 英寸⊖见方，现在我已经想不起手术医生的姓名与长相了。那时，我因为身体平衡感失调，去找理疗师问诊。治疗开始前，她为我测心率，突然，她一脸惊恐地抬头看着我：“我要陪你去急诊，就现在！你的心率只有 30。”

我试着宽慰她：“我心率慢这个情况已经有好几个月了，况且我没有什么其他不舒服的感觉。”

我的话并不起作用。她拒绝继续我们的治疗，要我立刻去联系我的内科 W 医生，并和他讨论我的心率状况。

⊖　1 英寸 =2.54 厘米。

三个月前，W 医生给我做年度体检时，发现我心率过缓，偶见心律不齐，于是把我转诊到了斯坦福医院的心律失常科。大夫在我胸上贴了个动态心电图仪，做了两周的心率监测，结果发现我有阵发性心房颤动，为了防止形成血栓栓塞大脑，W 医生给我开了艾乐妥（Eliquis），这是一种抗凝血剂。问题是，尽管艾乐妥能防止中风，但它可能加剧我这两年原来就有的平衡感失调的问题，现在若是摔倒导致严重出血，就可能要了我的命，因为艾乐妥的抗凝血作用会让我出血不止。

理疗师转诊两小时以后，W 医生给我做了检查，他发现我的心率比之前更慢了，于是又给我戴上了动态心电图仪，再做两周的监测。

两周后，心律失常科的医疗技师取下了我的监测仪，把数据送到实验室去做分析。紧接着，又是一次突发状况，这回是玛丽莲。我们正说着话，她突然就失语了，甚至一个字都说不出来，前后持续了有五分钟。随后几分钟里，她逐渐恢复了说话的能力。我几乎可以肯定她是中风了。两个月前，玛丽莲被诊断患有多发性骨髓瘤，两周前她开始化疗，使用的瑞复美是一种可能会导致中风的强效药物。我立刻给玛丽莲的内科医生打电话，她刚好就在附近，立刻赶到我们家，快速检查之后，叫了救护车送玛丽莲去了急诊室。

随后，我和玛丽莲在急诊室度过了此生最难熬的几个小时。值班医生给她做了脑部造影，证实确实是血栓引发了中风，然后他们用了一种名为组织型纤溶酶原激活物（tPA，tissuetype plasminogen activator）的药物来溶解血块。只有非常少的人会对瑞复美有过敏反应——唉，玛丽莲却是其中之一，差点命丧于此。好在后来她逐渐康复，没有留下后遗症，四天后出了院。

然而命运之神似乎并不准备就此放过我俩。这边玛丽莲刚刚出院，几个小时后，我的医生又打来电话，告诉我心脏监测数据结果出来了，我需要在胸腔里装一个起搏器。我告诉他玛丽莲刚刚出院回到家，我需要全心全意照顾她，我向医生保证下周一或周二我会安排去做手术。

"不，不，欧文，"我的医生说，"听我讲，这没得选。你必须一个小时内来急诊，马上就手术。你那个两周的监测报告显示，你的心脏有 3291 次心房传导阻滞，阻滞时间加起来一天有 6 个小时。"

"那到底是什么意思？"我问。我最近一次学习关于心脏的知识已是 60 年前的事了，我并不打算假装自己了解现代医学的进展。

"这意味着，"他说，"在过去的两周中，你的左心房自然起搏产生的电脉冲未能到达下心室的次数，已经超过了 3000 次。这导致了心脏停跳，直到心室做出异常反应，自行收缩，心脏才恢复跳动。这可是会要命的，必须立即手术。"

我立刻到了急诊室，心脏科手术医生给我做了检查。3 个小时后我被推进了手术室，医生帮我植入了起搏器。24 小时后，我出院了。

～

绷带拆除了，那个小金属盒此刻就埋在我的胸腔里，锁骨下方的位置。一分钟 70 次，它会"命令"我的心脏进行收缩。不需要充电，能用 12 年。它不同于我所知道的任何其他电器，它不像手电筒会亮不了、电视遥控器换不了台，或者手机导航不工作，它全然不一样，这个小小装置的运作，生死攸关：一旦它死机了，几分钟内我也得死。生命竟然如此脆弱，我震惊不已。

所以，这就是我目前的状况：我的爱妻玛丽莲，从我 15 岁起，她就是我生命中最为挚爱的人，此刻身患重病，而我自己，也命悬一线。

然而奇怪的是，我很镇定，甚至称得上是心如止水。我一再反思，为什么自己没有感到恐惧呢？我这辈子，大部分时间都很健康，但从某种角度来说，我也一直在与死亡焦虑做斗争。我觉得，我面对死亡时的恐惧，促使我去做研究、去写作，也推动着我不断尝试帮面临死亡的病人获得安慰。然而，现在，那些恐惧去哪儿了？当死亡步步逼近时，我的平静从何而来？

随着时间流逝，这段痛苦的考验渐渐消退。每天早上，我和玛丽莲都会在后院小坐。后院周围绿树成荫，我们牵着手紧挨着对方，回忆过往，细数走过的地方：夏威夷的两年，当时我在服役，住在美丽的凯卢阿海滩；我们俩休学术假，在伦敦待了一年；此外，在牛津附近待过六个月，在巴黎也待了几个月，在塞舌尔还住了好一段时间，还有印度尼西亚的巴厘岛、法国、奥地利和意大利，都曾小住过。

沉浸于往日美好时光，玛丽莲紧紧握住我的手说："欧文，此生我无怨无悔。"

我和她的看法一模一样，因为我也是这么想的。

我们俩这一生，是充实而酣畅的。有很多可以安抚有死亡恐惧的病人的理念，但其中最有力量的莫过于促使他们思考如何活得无怨无悔。我和玛丽莲都觉得自己活得充实而无畏——算得上是无悔了。我们不轻易放过任何一个去探索未知的机会，而今几乎了无牵挂。

玛丽莲回房间小憩。化疗几乎耗尽了她的精力，她现在白天常常需要睡很长时间。我靠回躺椅，想着我那些被死亡恐惧淹没的病人们，以及那些曾直视死亡的哲学家。两千年前，塞涅卡（Seneca）说："才刚刚开始活的人，是无法慷慨赴死的。我们须以'俱足矣'为目标去活着。"尼采，这位深刻的警句之王，他曾说："安全的生活是危险的。"我脑海里还冒出了他的另外一个警句："很多人死得太晚，另有些人则死得太早。人应死得其时。"

嗯，"其时"将至……真是说到家了，我快 88 岁了，玛丽莲 87 岁，我俩子孙满堂。我担心我已经把自己的生活全部记录完了。目前我正准备退休，慢慢放下精神治疗的工作，而妻子此刻病得正重。

"死得其时"这个词，在我脑海里挥之不去。我又想到尼采的另一句箴言："凡业已圆满者，皆为向死；凡依旧青涩者，乃念久长。身陷苦难，终求苟活，唯愿圆融愉恰，高远久长，乃至璀璨。"

是啊，成熟圆满，也说得很恰当。成熟圆满，这正是我和玛丽莲此刻的感觉。

～

我关于死亡的念头，可以追溯到我的童年时期。年少时我曾沉醉于 E. E. 卡明斯（E. E. Cummings）的这首诗：《水牛比尔没了》（*Buffalo Bill's Defunct*）。我曾无数次在骑行的时候独自默诵。

水牛比尔没了

他一向

骑着一匹流水般——银色的

骏马

6

射中一只两只三只四只五只鸽子

主啊

他可真是个英俊的男子

我想知道的是

你有多喜欢你这蓝眼睛的男孩

死神先生[⊖]

父母去世的时候我都在场，或者算是在场。父亲当时就坐在那儿，近在咫尺，突然间，他头一沉，目光就凝滞在了左侧，朝着我的方向。一个月前刚念完医学院的我，立即从我姐夫（他是个医生）包里掏出针筒，给他的心脏注射肾上腺素。然而为时已晚，父亲死于严重的中风。

十年后的一天，我和我姐一起去医院探望母亲：她大腿骨骨折了。我们坐着跟她聊天，聊了好几个小时，接着母亲去做手术，我和姐姐出去小小溜达了一会儿。回来时，病房的床单

⊖ 这首诗表面上讲水牛比尔个人的死，其实讲的是 20 世纪曾经风行一时的牛仔文化的消亡。诗歌里描述了这个男孩如何英俊迷人，牛仔的马上功夫和射击如何优秀夺目，可是不管个体还是一种文化，再绚烂也终将"没了"。

水牛比尔其实是一个艺名，来自 20 世纪美国一档关于西部牛仔的热门综艺节目，节目的噱头之一就是比尔会以头牌牛仔的形象出现，在节目里表演各种骑术、射术。有意思的是，在比尔之前的牛仔射击表演中，确实是用真的鸽子的，可是比尔认为这不人道，太过于血腥，想出了用土制圆形飞盘代替鸽子的办法，所以后来人们称射击飞碟为"鸽子"。

被褥都已经被撤掉，只剩下一个光秃秃的床垫。我再也没有母亲了。

～

现在是周六早上8：30。截至目前，我像往常一样，7点起床，简单吃个早餐，步行不足50米，到我的办公室，打开电脑，查收邮件。第一封如下：

我叫M，是一名伊朗的学生。我因为惊恐发作一直在做治疗，医生跟我推荐了你的书，建议我去读《存在主义心理治疗》。你的书让我找到了自童年起长久以来困扰我的诸多问题的答案。阅读着你的文字，感觉就好像你陪伴在我身边。那些恐惧和疑惑，除了你，从未有人能为我指点迷津。现在我每天都读你的书，已经有好几个月没有发作了。在我失去所有活下去的希望时，遇到了你，我如此幸运。读你的书让我充满希望。实在不知该如何表达我的谢意。

我泪水盈眶。这样的来信每天都有，通常一天三四十封。可以有机会帮到这么多人，我感觉自己是如此幸运。这封信来自伊朗，其意义更为重大，我感觉自己是人类共同体联盟中的一员，在做着帮助全人类的事情。

我是这样回复他的：

非常高兴听到你说我的书对你很重要，对你有帮助。希望未来有一天，我们的国家可以恢复理智，对彼此心怀悲悯。

祝好。

欧文·D. 亚隆

我常常被读者们的来信感动，虽然有时多到应接不暇。我尽力回复每一封来信，并在回信里称呼对方的姓名，这样他们会知道我确实读了他们的来信。我把这些电邮都做了星标，存在一个文件夹里。几年前我开始这么做，现在已经有好几千封了。我想着把它们存起来，如果有一天我情绪低落，需要鼓舞，就可以点开它们来给自己打气。

现在早上10点了，我走出办公室，从外面正好能看到我们卧室的窗户，我发现玛丽莲醒了，已经拉开了窗帘。三天前她刚刚做过化疗，现在仍然十分虚弱，我赶忙回家给她准备早餐。然而她已喝了一杯苹果汁，没胃口再吃其他东西了。玛丽莲躺在客厅的沙发上，注视着我们院子里的橡树。

像往常一样，我问她感觉怎么样。

也像往常一样，她直白地回答我说："非常难受。说不出的难受。我感觉自己被掏空了，浑身上下没有一处不难受。如果不是因为你，我真的不想再活着了……我不想再活着了……对不起我老是说这些。我知道我已经念叨了太多遍。"

这几周以来，天天听她说这些，我感觉低落、无助。而最让我痛苦的，莫过于眼睁睁看着她受苦：每周她所接受的化疗，会带来的副作用是头疼、恶心和极度疲劳。就像与自己的身体、周遭事物和他人全部失联了一样，难以名状的感觉。很多接受化疗的病人形容这感觉是"化疗脑"。我鼓励她试着走一小段路，就20多米，走到我们家的信箱那儿，但跟往常一样以失败告终。我握着她的手，竭尽所能安慰她。

今天，当她再一次跟我说不想再活下去时，我用和之前不一样的方式回应她："玛丽莲，我们之前谈过，病人重病不治，且承受着极大痛苦的时候，按照加利福尼亚州法律，医生有权协助他们。我们的朋友亚历山大就是这样，记得吗？最近几个月，你说过很多次，你现在还活着，只是因为我，只是因为你担心你死后我活不下去。我想了很久。昨天晚上我躺着没睡，想了好几个小时。我想要告诉你，你听着，你死了以后，我会活下去。我会继续活着——虽然很可能也活不了太久，因为我胸腔里有这个小金属盒子。我不否认我会在余生的每一天都思念你……但是，我会继续活下去。我不再害怕死亡了……不再像以前一样害怕了。

"还记得吗，上次我在膝关节手术后中风，导致我失去了平衡感，走路都离不开拐杖或者助步器了。记得当时我多惨、多抑郁吗？糟糕到我几乎要去见我的咨询师了。不过，你知道，那都过去了。我现在更加平静了——我不再受那些状况

10

的折磨了——我甚至睡得很好。我想告诉你的是，我能活下来。我不能忍受的是，想到你是为了我，而受这么大的罪继续活着。"

玛丽莲深情地看着我。这次我的话她听进去了。我们握着彼此的手，一起坐了好久。此刻，尼采的一句话闪过我的脑海："自杀，乃是极大之慰藉，它助人熬尽诸多暗夜。"但我把它放在了心里，没说出口。

玛丽莲闭上了眼睛，过了一会儿，她点了点头，说："谢谢你跟我说这些，你之前没说过。我现在感觉松了一口气……我知道这几个月对你来说也像噩梦一样。你要照顾到方方面面——买菜做饭，带我去看医生，在那里一等就是好几个小时，要帮我穿衣服，给我朋友们打电话。我知道你已经筋疲力尽，但是，你现在看起来都还好，看起来很稳定。你跟我说过很多次，如果可以的话，你会选择去替我承受病痛。我知道你一定会的。你一直在照顾我，充满关爱，但是最近你有点不一样。"

"怎么不一样？"

"很难形容。有时候你看起来非常平静，几乎是宁静，怎么会这样？你怎么做到的？"

"这个……很难说，我其实自己也不知道。然而我感觉可能和我对你的爱并不相关。你知道的，自打我少年时认识你，就爱上了你，我一直爱着你。这次不是爱，是有些别的……"

"跟我说说。"玛丽莲坐了起来，专注地看着我。

"我想是因为这个。"我拍了拍胸腔，那里面有个小金属盒子。

"你是说，你的心脏？可是怎么就宁静了呢？"

"我最近经常会摸着这里，这个小盒子一直在提醒着我，我随时会死于心脏病，很可能就是几秒钟的事情。我不要像约翰那样死去，或者像我们见过的那些失智的老人一样。"

玛丽莲点点头，她明白我的意思。约翰是我们的好朋友，他患了严重的痴呆，住在我们家附近的一所养老院，最近刚刚去世。我们最后一次去看他的时候，他已经认不出我们了，任何人他都不记得了。他就是站在那里，一直不停地尖叫，持续好几个小时。我忘不了这一幕，这成了我关于死亡最可怕的梦魇。

"现在，多亏了我胸腔里的这个玩意儿，"我一边摩挲着胸前，一边说，"我相信，如果我死的话，我会死得很快，像我的爸爸一样。"

5 月

第 2 章　成为一名病人

　　我，玛丽莲，每天倚靠在客厅的沙发上，透过落地窗望着院子里的橡树和常青树。此时正值春意盎然，眼看着高大的白橡树上冒出嫩芽。今天一早，我瞅到一只猫头鹰，栖息在我们家和欧文办公室之间的云杉上。透过窗，我还可以瞥见我们的菜园子，儿子里德在那里种上了西红柿、四季豆、黄瓜和西葫芦。他叫我盼着这些蔬菜在夏天成熟的样子，到那时，我应该就已经"好多了"吧！

　　过去的几个月里，我的状态糟透了。自从被诊断出多发性骨髓瘤，我就开始了大量的药物治疗，而后又因中风住院。每周化疗完，我都会一连多日备受恶心和其他身体痛苦的折磨，具体的感受就不细说了。总之，多数时间我感到极度疲惫，就像脑子里塞满了棉花，又如同有一层挥之不去的雾纱阻隔在我与世界之间。

我有几位患有乳腺癌的朋友，她们与疾病抗争的滋味，直到最近我才能些许理解。作为乳腺癌患者，化疗、放疗、手术、参加支持团体皆是她们的日常。25 年前，当我写《乳房的历史》（*A History of the Breast*）一书时，乳腺癌还被视为绝症。现在医生已经把它当作慢性病了，可以治疗，能被控制。我几乎有些羡慕乳腺癌患者，能够在进入缓解期后停止化疗，而多发性骨髓瘤患者则通常要忍受终生治疗，尽管不必像我现在每周一次这么频繁。我反反复复地问自己："这值得吗？"

我 87 岁了，在这个年龄死去，算得上是寿终正寝了。当我读到《旧金山纪事报》（*San Francisco Chronicle*）和《纽约时报》（*New York Times*）的讣告栏时，鲜少有人能活过 90 岁高龄。美国人的平均寿命是 79 岁。即使在长寿之国日本，女性的平均寿命也只有 87.32 岁。我已经和欧文一起度过了心满意足的漫长岁月，如此高寿，过往都十分健康，那如今我为何还要这般痛苦而绝望地活着呢？

简单的答案是：死亡之路无坦途。如果拒绝治疗，我将会很快死于多发性骨髓瘤，但会很痛苦。在加州，在医生的帮助下无痛苦地死亡是合法的，当我接近终点时，我可以要求医生帮助我结束生命。[⊖]

㊀　此处提到的美国当地法律和中国的国情有所不同，请读者注意甄辨接受。——译者注

　　然而对于为什么还要活下去这个问题，另有一个比较复杂的答案。在这些痛苦煎熬的日子里，我愈加体悟到自己的生命与他人紧密相连——不只是与丈夫和孩子们，还有许多为我雪中送炭的朋友们。这些朋友不断地鼓励我，给我送来美食、鲜花和绿植。有个大学时期的老朋友寄给我一件非常柔软舒适的浴衣，另一位朋友为我亲手织了一件羊毛披肩。我一次又一次地意识到，除了家人，我能拥有这些朋友是多么幸运。我终于明白，一个人活着并不仅仅是为了自己，也是为了他人。道理显而易见，但时至今日我才充分地理解。

　　由于我与斯坦福大学女性研究学院[○]的关联（1976年到1987年间，我曾负责学院的管理），我建立了一个女性学者和支持者的圈子，并与其中的很多人结下深厚的友谊。从2005年到2019年的15年间，我在帕洛阿尔托家中和旧金山的公寓里举办了面向旧金山湾区女性作家的文学沙龙，这大大拓展了我的朋友圈子。而作为一名曾经的法语教授，我会抓住一切机会在法国和其他欧洲国家驻留。是的，我能有这些机会去广交良友是令人羡慕的。想到我遍布世界的朋友们，他们在法国、希腊、瑞士等国家，以及剑桥、纽约、达拉斯、夏威夷、加州等地，他们都那么在意我的生死，这令我深感慰藉。

　　对我们而言幸运的是，四个孩子——伊芙、里德、维克多和本恩——都住在加州，其中三个就在旧金山湾区，另一个在圣迭

　　○　指的就是斯坦福大学克莱曼研究所。——译者注

戈。在过去这几个月里，他们都来照顾我们的日常生活，住在这儿陪我们，帮我们做饭，给我们鼓劲。伊芙是医生，她为我带来了医用软糖，在饭前服用半粒可以帮我缓解恶心、改善胃口。这些糖好像比其他那些药都管用，而且没什么明显的副作用。

丽诺尔（Lenore）是我们的孙女，她从日本来，今年在硅谷的一家生物科技初创公司工作，和我们住在一起。最初是我帮助她适应美国的生活，现在则变成她来照顾我了。她帮我们解决电脑和电视机方面的麻烦，还为我们的日常饮食增添了日本料理。几个月后，她要去西北大学读研究生了，到时候我们会非常想念她的。

然而在所有人当中，欧文是我的支柱，他是最深情的守护者——不厌其烦、善解人意、尽心尽力地为我减轻痛苦。我已经五个月没有开过车了；除了孩子在家的时候，欧文包揽了购物和做饭的活；他驾车带我去看医生，在我化疗注射的几个小时里一直守着我；他会安排每天晚上的电视节目，即使不是他最喜欢的，他也会一直陪着我看。写这些绝不是为了赞美他或者吹捧他，更不是让我的读者将他视为圣人。这些都是我的亲身经历，没有半点言过其实。

我常常会拿自己的情况与其他病患相比，他们身边没有贴心的爱人或朋友陪伴，不得不独自经受治疗。前不久，我在斯坦福注射中心等待化疗时，坐在我身旁的一位女士跟我说，她一辈子孑然一身，但作为基督徒，她在信仰中获得了精神力量。

虽然去医院的时候无人陪伴，但她能感受到上帝始终与她同在。我自己并不信仰宗教，但我为她感到高兴。同样地，当我得知朋友们在为我祈祷时，我也非常感动。我的一位信仰巴哈伊教的朋友维达每天都在为我祷告。如果有上帝的话，她热切的祈祷一定被听到了。还有犹太教、伊斯兰教的朋友们也告诉我，他们在为我祷告。作家盖尔·希伊（Gail Sheehy）写道："我会为你祈祷，我会想象你被上帝捧在手心。你那么娇小，刚好可以被捧住。"我不禁潸然泪下。

从文化背景上来说，欧文和我是犹太人，但我们不相信人在死后还会有意识。然而，希伯来圣经里的话仍然给予了我力量："是的，虽然我穿过死亡阴影的幽谷，但我无所畏惧。"⊖这句话，连同其他长存于我记忆中的宗教和非宗教的文字，久久地萦绕在我脑海中：

"死亡啊，你的毒钩在哪里？"⊜

"最糟莫过于死，而死终将到来。"⊜

还有出自艾米莉·狄金森（Emily Dickinson）的这首动人的小诗《屋里的慌乱》（"The Bustle in a House"）：

把心收拾起来 / 把爱放置一旁 / 再也无须这些 / 直至

永远——

⊖ 出自《诗篇》二十三（Psalm 23）。
⊜ 出自《哥林多前书》"Ⅰ Corinthians"。
⊜ 出自莎士比亚的《理查二世》。

我躺在沙发上沉思，这些熟悉的诗句在我此时的处境中呈现出新的意义。我当然无法像狄兰·托马斯（Dylan Thomas）所写的那样："怒斥，怒斥光明的消逝。"我余下的生命力已经不足以让我去那样抗争了。更能触动我的，反倒是我和儿子里德在为 2008 年合作出版的《美国人的安息之地》（*The American Resting Place*）这本书拍摄墓碑时所看到的那些朴素的碑文。其中有一句话至今犹记："身后活在人心，是为不死。"活在人心——或者像欧文经常说的，在所有我们认识的人和读者的生命中"荡起涟漪"；或者听从圣徒保罗的教导："纵然我有能够移山的信仰，但若没有慈爱，我便毫无价值。"⊖

保罗将慈爱置于首位，这一点值得细细品味。这是在提醒我们，爱超越其他所有美德。爱意味着对人善良，并对他人的痛苦心怀慈悲。［作为女权主义者，我总是会对《哥林多前书》里接下来的句子感到愕然：女性应该"在教堂里保持沉默，因为她们不被允许开口""如果她们想学任何东西，让她们回家询问丈夫吧，因为女性在教堂里说话是可耻的"。读到这些时，想到牧师简·肖⊜（Jane Shaw）在斯坦福大学的教堂里许多精彩的布道，我不禁哑然失笑。］

亨利·詹姆斯⊜（Henry James）把保罗这句有关慈爱的话变

⊖ 《哥林多前书》，第 13 章。
⊜ 简·肖是一位女性牧师，曾是斯坦福大学宗教研究教授。——译者注
⊜ 亨利·詹姆斯，美国作家（1843—1916）。——译者注

成了一个巧妙的公式：

人的生命中有三样东西是重要的。第一是善良，第二是善良，第三还是善良。

纵然我因自己的处境饱受煎熬，也愿我仍能恪守这句格言。

～

我认识很多勇敢面对自己或者配偶死亡的女性。1954 年 2 月，我从韦尔斯利学院（Wellesley College）回到华盛顿特区参加父亲的葬礼，悲痛中的母亲对我说的第一句话就是："你要勇敢。"母亲是善良的典范，当她埋葬相伴 27 年的丈夫时，她对女儿们的关心是高于一切的。父亲是在佛罗里达州深海捕鱼时突发心脏病去世的，他才 54 岁。

几年后，我母亲再婚。她一生总共结了四次婚，埋葬了四任丈夫！她见到了她的孙辈，甚至一些曾孙辈。为了离我们更近些，她搬到了加州，在 92 岁半的高龄安详辞世。我总以为自己也能活到她那个年纪——但现在我知道，自己肯定活不过 90 岁了。

我的好朋友苏珊·贝尔（Susan Bell）活到将近 90 岁。苏珊一生中数次绝处逢生：1939 年，纳粹入侵捷克斯洛伐克，她和母亲一起逃往伦敦，而父亲没能幸免，死于泰雷津集中营（Terezin Concentration Camp）。虽然她和父母都受洗成为路德教徒，但纳粹以苏珊的四位犹太裔祖辈为由，威胁她的生命并杀害了她父亲。

在苏珊去世前几周，她送给我一份珍贵的礼物——19 世纪英国银制茶壶。1990 年，她和我合编《呈现生命》（*Revealing Lives*）一书，这是一本有关自传、他人传记和性别话题的文章合集。在共同工作的那段时间里，我们曾用这个茶壶泡茶，帮助自己保持头脑清醒。作为斯坦福克莱曼研究所的客座学者，苏珊是开辟女性历史这个学术领域的先行者，她一直工作到生命的终点。2015 年 7 月，她在游泳池中突然离世，享年 89 岁半。

不过，对于我该如何面对接下来的几个月，戴安·米德尔布鲁克（Diane Middlebrook）可能是我最好的榜样。戴安是斯坦福大学的英语教授、著名的传记作家，曾为诗人安妮·塞克斯顿（Anne Sexton）、西尔维娅·普拉斯（Sylvia Plath）和特德·休斯（Ted Hughes）书写传记。我们有着 25 年的深厚友谊，直到她 2007 年因癌症去世。在她去世前不久，我们去医院看望她，她总是温文尔雅，言语中满是对我们俩的关爱，告别时还亲吻了我们。我留意到她对进出病房的护士都礼貌有加。戴安过世时年仅 68 岁。

还有一个人的衰老与辞世对我影响至深：著名的法国学者勒内·吉拉尔（René Girard）。在 20 世纪 50 年代末到 60 年代初，我在约翰斯·霍普金斯大学念书，勒内是我的论文导师。不过，直到他几十年后来到斯坦福大学，我们才成为亲密的同事和朋友。后来，我又和他的妻子玛莎（Martha）建立了友情，直到他于 2015 年去世。

在他生命的最后几年中，我和他的联系愈加紧密。数次中风导致他已经无法言语。我们不能交谈，我便坐在他身旁，握着他的手，凝视他的双眼。看上去他挺喜欢我带给他的自制杏酱。

最后一次见面时，他看见一只长腿野兔从窗外跑过，用法语脱口而出："一只兔子！"尽管大脑损伤，阻断了他所有的语言功能，但这几个字不知怎么就冒了出来。在我自己因中风好几分钟说不出话时，我立即想到了勒内。无法把脑子里的想法用语言表达出来，真是一种怪异的体验。

后来我很快恢复了语言功能，没有留下什么后遗症，对此我心怀感恩。记忆中，我从小就很喜欢表达。大约四五岁时，母亲带我去上朗诵课。在那里，我们向贝蒂小姐行屈膝礼，然后为台下的其他孩子和他们自豪的妈妈们背诵诗歌。自那时起，我一生都喜爱公开演讲和私人交谈。

然而现在，长时间的聊天会让我精疲力竭。有朋友来访时，我不得不把交谈控制在半小时之内，甚至稍长一些的电话都会让我疲惫不堪。

当我对此绝望时，就试图记起所有那些应该感恩的理由：我还能说话、阅读、回复邮件；我住在舒适而美好的家里，被爱我的人所环绕；今后还有一线希望可以减少化疗的剂量和频率，到那时我就能过上半正常的生活了，虽然我现在对此并不乐观。我在努力让自己接受作为一个病人的生活，或至少是作为一个"康复中的人"的生活——这是过去人们对于像我这样处境的人的礼貌称呼。

5 月

第 3 章　幻 灭 感

过去几年里，我的三位好友，赫伯·科兹（Herb Kotz）、拉里·扎罗夫（Larry Zaroff）和奥斯卡·多德克（Oscar Dodek），相继去世了。他们是我高中和大学时代的朋友，在医学院一年级时，我们曾是人体解剖课的搭档，后来他们成为我一生的挚友。可现在他们三个都走了，独剩我一人，保管着我们共同的记忆。医学院一年级的事发生在 60 多年前，但而今依然历历在目。我甚至有种奇想：假如找到那扇门，朝里面一望，就能神奇地看到我们四个，一边忙着分离肌腱和动脉，一边调侃着彼此，这时，我的朋友拉里（他已经决定要当一名外科医生了）瞥了一眼我手头上凌乱不堪的解剖操作，跟大家宣布："幸好他想要当的是精神科大夫，这真是外科界的福音！"

在我们的解剖学课程中，有件事令我印象深刻，真是太可怕了，当时我们正要把大脑移除出来开始解剖，掀开盖在尸体上的黑色塑料布，我们看见尸体的眼窝子里趴着一只大蟑螂，大家都被恶心坏了，尤其是我，我从小就特别怕蟑螂，在我爸的杂货店里和我家楼上的公寓地板上，到处都有爬来爬去的蟑螂，总能把我吓得够呛。

那天，在迅速更换了黑色防水布后，我说服了其他人一起翘课去打桥牌。往常我们四个会在午餐时打桥牌，而在接下来的几周里，我们一到解剖课就翘课去打桥牌。虽然后来我打得一手好牌，可我得惭愧地承认，作为一个毕生研究人类精神世界的工作者，我当年竟然翘掉了大脑解剖课。

然而真正让人感到不安的是，我意识到，如此充满了情感的生动往事，却只存在于我一个人的脑海中。显而易见，人人皆知"回忆只存在于脑海中"。然而问题是，我自己也未曾真正拥有那些记忆啊，那扇只有我能打开并通向回忆的门，我同样也抓不住。门是不存在的，解剖教室自然也不存在，记忆中忙碌的解剖课也并不存在。那一切的过往，岂非只存在于我嗡嗡作响的大脑神经元里？某一天，我，我们四人中仅存的一个，死了，"咻"的一下，一切都将湮灭，所有的记忆都将永远消逝。一旦发现并承认这一点后，我感到脚下的大地不再坚实，如坠虚空。

等等！当我再次检视那个打桥牌的画面时，突然发现有点不对劲。要知道，这可是 65 年前的事了！当你要写回忆录时，你就会知道，记忆这个东西是有多么不可靠。我渐渐想起来，我们四人桥牌小组里的拉里·扎罗夫，是一位特别用功的好学生，早就决心当一名外科医生，他是不可能翘掉解剖课来跟我们打桥牌的。我用力闭上眼睛，努力凑近那段记忆，想要看个清楚。我突然意识到，跟我一起打桥牌的，除了赫伯、奥斯卡，确实还有一个拉里，但不是拉里·扎罗夫，是另外一个拉里，他姓埃内特（Eanet），而不是扎罗夫。而且我还想起来，其实我们解剖学课的小组成员是六个人，当年出于种种原因，用于解剖教学的尸体紧缺，所以其实我们是六人一组，而不是四人一组。

我的朋友拉里·埃内特，我对他记忆犹新：他是一位才华横溢的钢琴家，在我们初高中所有的活动中演奏钢琴，梦想成为一名音乐家。然而和我家一样，他们也是移民家庭，他的爸爸妈妈非要他去念医学院。拉里是个非常热心的人，虽然我是个音盲，他却一直努力尝试唤醒我的音乐细胞，就在我们开始念医学院不久，他带我去了一家唱片店，帮我挑选了六张古典音乐唱片，说起来有点难堪，虽然我一遍一遍地听，但一年以后，我还是听不出哪首是哪首。

拉里选择了皮肤病学，他觉得这个专业能让他有最大的自由去追求音乐事业。后来，他曾为诸多到访的音乐家们演奏钢琴，包括迪兹·吉莱斯皮（Dizzy Gillespie）、斯坦·盖茨（Stan

Getz）和卡布·卡洛韦（Cab Calloway）等。若是能和拉里一起叙叙旧该多美妙啊！于是我决定联系他，可在谷歌上一查却发现，老天，他也在十年前离开了人世。不过，《华盛顿邮报》（*Washington Post*）上的讣告标题是"拉里：爵士钢琴大师、兼职医生"，若他能知道也会含笑九泉了。

我们这个小组里，第六位同学是埃尔顿·赫尔曼（Elton Herman），我在本科时就认识他了，这个小伙子聪明、友善、讨人喜欢，常常穿着灯芯绒短裤去上课。埃尔顿后来怎样了？他现在在哪儿呢？我一直很喜欢他，想再听到他的声音。然而当我在网上搜索时才发现，他也去世了，八年前。我们小组一共六个人，除了我，他们五个都死了！我开始觉得恍惚，闭起眼回想过往，有那么一瞬间，我看到我们在一起，搂着彼此的肩膀。那时的我们生机勃勃，充满希望，渴望成功，聪明且各有成就，一起进了医学院。我们所有人都曾如此勤奋学习，怀揣着各自的梦想。然而除了我，他们都已化为枯骨，归于尘土。六个人，如今只剩我一个人还在尘世间行走，想到这，我不禁心怀怵栗。为什么只有我活得更久？纯粹是因为幸运吧！我还在呼吸，还能思考，能闻到气味，还能牵着太太的手，我是何其幸运。但我也好孤独，我想念他们。属于我的"那个时刻"，也快降临了吧！

～

这个故事还有下文。有两次，我将这个故事讲给病人听，效果都很好。其中一位是女病人，在两个月里先后失去了丈夫和父亲——她生命中至亲至爱的人。她告诉我，此前自己已经见过两位治疗师了，但他们显得那么疏离，只是旁观，她无法与其产生联结。听她这么说，我想很可能她也会这么看我。确实，在我们的咨询过程里，她显得冰冷、迟钝、难以接近。我感觉我们之间有一个难以逾越的鸿沟，显然她也有同感。有一次，在咨询快结束时，她说："几个星期以来，我总觉得一切都不真实，我完全是孤独的，就像独自坐在一列火车上，所有座位都是空的，一个人都没有。"

"我太能理解你的感受了，"我回应道，"最近我也有类似的体验。"然后我把自己失去五位医学院同学，以及我的真实感是如何崩塌的故事告诉了她。

她身体前倾用心听着，眼泪顺着她的脸颊流下来。她说："对，对，我理解，我完全理解，这正是我在经历的。我的眼泪是因为感慨'我所在的这列火车上，终究还是有别人在的'。你知道我刚才想到了什么？我在想，当下的生活依然真切，我们都应该活在当下，感恩生活。"

这番话震撼了我。我们沉浸于这份会心的喜悦中，静坐良久，沉默不语。

　　几周以后，我又把这个故事拿出来讲述。这位病人我每周见一次，已经持续一年，这是最后一次咨询。她住在千里之外，一直以来我们都是通过 Zoom 约谈。由于这是最后一次咨询，她决定亲自飞来加州，首次和我面对面交流。

　　我们过往的治疗过程并不顺利，甚至激烈，她渴望获得父亲的爱与理解，而我从未令她全然满意过。我努力尝试，但不管我付出多少，她还是常常对我不满，诸多指责。我跟病人们用视频沟通已经很多年了，我觉得视频沟通和见面治疗的效果不相上下，可是和这位病人沟通，让我开始对这个想法萌生了怀疑。当我得知，她对此前两位长期面对面咨询的治疗师有同样不满时，我的疑虑才有所缓解。

　　在等着见她时，我还在琢磨透过网络与见到真人，感觉一样吗？会不会见到真人后感觉迥异呢？在开始咨询前我们握了握手，比通常握手的时间还要长一些，就好像我们需要通过这次握手，确信彼此的真实存在一样。

　　接着，我就尝试做常规的结束会谈。回顾过往的记录，我开始描述我们第一次见面的情况，回顾她找我咨询的理由，并试图去讨论我们已经做了哪些沟通以及我们曾经如何沟通。

　　然而她并不想听我说这些，而是想着别的事："亚隆医生，我一直在想……我们开始治疗时，约定好为期一年，我算了算，已经完成了 46 次咨询，而不是 52 次。我明白，其中有一个月我在休假，你也有类似情况，但即便如此，在我看来，你还欠我六次咨询呢。"

我丝毫不退让。我们在其他场合讨论过这件事，更何况我也不止一次提醒过我们结束咨询的日期。我回应道："我理解你这番话的意思，对你来说，我们的咨询很重要，你希望继续下去。正如我之前表达过的，我非常尊重你的努力，即便在治疗过程里你感到痛苦，也仍然坚持投入。所以，我觉得你是在表达，我对你有多么重要，我说得对吗？"

"是的，你对我来说很重要，是的，你知道要我说出这些来有多困难。而且，没错，让你离开，对我来说很难。我知道，未来只能靠着留存在心里的关于你的画面来获得安慰，而且我知道就连这些画面也注定会褪色。世事无常，一切皆是虚幻。"

我们沉默了一会儿。然后我重复了她的话："一切皆是虚幻。"我继续说："你的话让我想起我所经历的事。让我来告诉你吧。"然后，我跟她完整地讲述了我去世的五位同学的故事，以及我如何挣扎于她所提到的这个情境：一切皆是虚幻。"

我讲完后，我们安静地坐了很久，直到会谈结束。然后，她说："谢谢你，欧文，谢谢你跟我分享这个故事，这是一个了不起的礼物，是一份巨大的馈赠。"工作结束了，我们站起身来，她说："我想要一个拥抱，一个我可以长久带在身边的拥抱，一个实实在在的拥抱。"

6 月

第 4 章　为什么我们不搬入养老院

几年前，欧文和我考虑过选择一家养老院。如果经济上负担得起，斯坦福人很喜欢的一家名为"福爱"（Vi）的养老院距离斯坦福大学只有几个街区。附近还有两家，一家是坐落于帕洛阿尔托市中心的"谦宁院"（Channing House），还有一家名为"红杉"（The Sequoias），位置稍远，但颇具田园意境。这三家都提供一日三餐以及不同级别的看护服务，从照顾日常生活一直到临终关怀。我们很喜欢去"福爱"和"红杉"，与住在那里的朋友们共进晚餐。这样的居住中心有很多吸引人的地方，但因为我们那时候并没有什么严重的健康问题，于是就没有做出这个选择。

我们的同事埃莉诺·麦考比（Eleanor Maccoby）101 岁的时候在"福爱"去世，她是斯坦福大学的第一位女性心理学教授。她在"福爱"的时候，曾经连续十几年主持那里的每周时事讨论会，并在她生命的最后几年里完成了一部精彩的自传。我们参加了她庄重的葬礼，很多人都在场，见到朋友们都很健康，我们深感欣慰。

有时候我们会问自己：没有选择搬入养老院是不是一个错误？能得到全天候的照顾是多么便利，有人为你准备好一日三餐也总是一件幸福的事情。然而一想到要离开住了四十多年的家，要离开满院的郁郁葱葱，我们就止步不前了。我们不愿意放弃这座房子和院子，更不要说欧文的独立办公室了，他在那里写作，至今还会偶尔接受病人来访。

幸运的是，我们的经济状况允许我们继续拥有这座房子，并做一些必要的改造。当我显然已经无力自己走到二楼卧室时，我们装了一个电动楼梯升降椅。现在我就像一个坐在私人马车里的公主那样上上下下。

不过，我们还能住在自己家里更为重要的或许是因为我们的管家格洛丽亚（Gloria），她一直陪伴着我们，为我们这个家工作了 25 年，她既要照顾我们，还要打理房子。她帮我们找眼镜、找手机、清理餐具、更换床单、浇灌花草。在美国能有多少人可以如此幸运，有像格洛丽亚这样的人照顾他们的生活？我们的"幸运"显然有赖于我们的经济状况，但还因为格洛丽亚是个非常了不起的人。除了照顾我们，她还养育了三个儿子和一个孙女，同时还在应对诸多艰难的中年挑战，包括离婚。

我们竭尽所能让她的生活舒适些，这当然包括给她一份丰厚的薪水、社会保险和带薪年假。

没错，我们知道只有少数人请得起管家，也只有少数人负担得起养老院。现在的养老院视地点和服务的差异，每个月的费用要好几千块钱。亚当·戈普尼克（Adam Gopnik）在2019年5月20日刊的《纽约客》（*New Yorker*）上写道，只有不足百分之十的老人会选择养老院，因为他们更愿意住在自己家里；即便他们愿意去养老院，也缺乏足够的经济实力。

留在家中，也是我们自己的选择，但更多是出于情感因素，而非现实的考量。我们用了十年才完全建成这座房子，十年间我们时不时地添加、改造一些新的区域，如今才有了这个温馨而舒适的家。在这个家里，我们举行过多到数不清的生日聚会、读书会、婚礼和婚宴，就在客厅和前后院的草坪上。透过二楼卧室的窗户，我们能看见鸟儿在高耸的橡树的枝丫上筑巢。孩子们都长大了，楼上其他的卧室空了出来，现在留给儿女、孙辈和朋友们回家小住。每当外地的客人来旧金山湾区，我们都会邀请他们来和我们同住。

然后还有我们的家当——家具、书籍、艺术品、摆放在房子四处的纪念品。我们怎么能把所有的这些都挤进一个更小的生活空间？虽然我们已经开始把一些东西送给孩子们了，但如果没有其中的大部分，我们的生活将有些难熬。因为每一样背后都有故事，让我们回想起自己的人生经历。

在我们家走道里放着两只木制日本犬，这是我们 1968 年在伦敦的波多贝罗路（Portobello Road）上买来的。那会儿我们刚结束了一年的学术假期，即将离开英国。我们的英国银行账户里只剩下 32 英镑。我们看到那两只狗（公狗龇着牙，母狗闭着嘴），我猜这是有些年头的珍品，便向店主打听其来历，他能告诉我们的就是，这是他从一个刚自亚洲回来的人那里得到的。我们出价 32 英镑，他接受了。它们和我们买的其他东西一起被运回了家，从此成为家里室内景观中的珍品之一。

在客厅的架子上放着一座埃及头像雕塑，它本来是插在一个装有死者内脏（胃、肠、肺或肝）的卡诺皮克罐（canopic jar）里，是我们三十五年前从一个巴黎古董商人那里买来的。它的鉴定证书表明，这个头像所代表的艾姆谢特（Amset）——荷鲁斯（Horus）的四个儿子之一、埃及的保护神。我很喜欢凝视这尊雕像上勾勒出的黑色鱼形眼睛。虽然欧文和我从未一起去过埃及，但我和女儿伊芙有幸在几年前跟随韦尔斯利的旅行团同往埃及。我们在开罗参观了博物馆和清真寺，乘船沿尼罗河而上，游览了金字塔和寺庙，这些都让我对古埃及产生了浓厚的兴趣。

屋子里还有好多东西让我们记起在巴厘岛度过的两个月学术假期——面具、画作、织品，这些能瞬间把我们带回到那个把美当作生活的地方。挂在壁炉上方的那个大面具雕塑有着突鼓的眼睛、金色的耳朵，一根细细的红舌头从两排狰狞的牙齿之间伸出来。门那边的楼梯脚下摆着一个俏皮的巴厘岛小木雕：

一条咬着自己尾巴的翼龙。在楼上挂着巴厘岛景观的布画，画中的鸟和树叶的表现手法独具风格。在巴厘岛，你常常会看到同样的景观被重复地描绘，因为那里的人们并不觉得艺术作品必须要具备"原创性"，所有的艺术家都有权创作同样的内容，这构成了一种视觉上的神话传说。

　　谁会想要这些物件呢？我们喜欢这些承载了自己人生记忆的东西，但并不意味着我们的孩子会想要它们。当我们离开人世后，东西背后的故事，最终也将随风消散。好吧，也许不会完全消失。我们仍旧从父母那里继承了一些物件，比如被我们称为"祖母的牌桌"或者"莫顿（Morton）姑父的韦奇伍德[○]"。我们的孩子都是看着这些东西长大的，他们记得这些东西的主人——欧文的妈妈里夫卡（Rivka），她喜欢用 20 世纪 50 年代的时髦东西来装点她在华盛顿特区的家；莫顿姑父是欧文的姐夫，他热衷于收藏韦奇伍德古董、镇纸和硬币。"祖母的牌桌"是新巴洛克风格的，红、黑、金三色相间，非常与众不同。牌桌放在我们的阳光房里，在那张桌子上，欧文和他爸爸以及后来和儿子在玩国际象棋和皮纳克尔纸牌（pinochle）中度过了许多美好时光。我们三个儿子，任谁都会乐意继承这张桌子的。

　　最近，儿子本恩的妻子艾妮莎提起了我们那些装裱的刺绣作品，现在就挂在不同房间。我告诉她，那是 1987 年我们在中

　　○　韦奇伍德（Wedgwood）是创始于十八世纪的英国陶瓷公司，以生产高品质的陶瓷产品著称。——译者注

国一个露天市场里淘到的，那时用很少的钱就可以买到这样的宝贝。艾妮莎和本恩对织品特别感兴趣，于是我说，他们可以拥有这些中国刺绣，"只是要记得告诉你们的孩子，这是爷爷奶奶很久很久以前在中国买的"。

不过我们最大的麻烦是怎么处理藏书，大约有三四千本。它们大致按类别摆放——心理治疗、女性研究、法语和德语、小说、诗歌、哲学、经典、艺术、菜谱、我和欧文的作品译本。除了餐厅之外，无论你看向哪个房间或者打开某个柜子，你会发现都是书、书、书。我们一生与书为伴。虽然欧文现在主要在平板电脑上看电子书，但我们似乎还是在继续购买更有熟悉感的纸质书。每隔几个月，我们都会送几箱书给当地图书馆或其他非营利组织，但相比家里每个房间中满墙的藏书，这些捐赠微不足道。

我们的书架上有个特别的空间，用来存放朋友们的著作，他们中的好些人已经不在人世了。这些书让我们想起和亚利克斯·康福特（Alex Comfort）的友情，他是英国诗人、小说家、非虚构作家，他最为世人所知的作品是《性的快乐》（*The Joy of Sex*）。中风之后，他终日困于轮椅，连挪动胳膊和腿都变得很困难，所以当我们看到他在一本诗集里写给我们的歪歪扭扭的简短致辞时，心中尤其感动。我们还拥有泰德·罗扎克（Ted Roszak）的很多著作，他是我在海沃德加州州立大学时的同事，是一位极具原创性的历史学家和小说家。他在 1969 年出版的

《反文化的形成》(*The Making of a Counterculture*)为英语词汇贡献了一个新词。泰德对"反文化"的分析让人想到反越南战争游行、伯克利自由言论运动，以及所有我们在 20 世纪 60 年代所经历的政治动荡。我们还有斯坦福大学教授阿尔伯特·格拉德(Albert Guerard)、约瑟夫·弗兰克(Joseph Frank)和约翰·费尔斯坦纳(John Felstiner)的书，所有这些朋友都给我们的生命带来了多年的滋养和温暖，并留下了文学评论的重要著作。阿尔伯特是英国小说的专家，约瑟夫是他那个时代研究陀思妥耶夫斯基⊖(Dostoevsky)最负盛名的学者，约翰是巴勃罗·聂鲁达⊜(Pablo Neruda)和保罗·策兰⊜(Paul Celan)作品的翻译家。我们该如何安置这些珍贵的作品？

在玻璃门下面还有单独存放的一类藏书：我们收集的狄更斯(Dickens)的作品。我们 1967 年和 1968 年在伦敦旅居时，欧文就开始收藏初版的狄更斯作品。狄更斯的大部分作品都是每月出版一部分，然后再被装订成书。这些年来，每当欧文看到英国书商寄给我们的书籍目录册中有狄更斯的书，他都会先查一下家里是否已经有了，如果没有，他就会下单购买——当

⊖ 陀思妥耶夫斯基（1821 年 11 月 11 日—1881 年 2 月 9 日），俄国著名作家。——译者注

⊜ 巴勃罗·聂鲁达（1904 年 7 月 12 日—1973 年 9 月 23 日），智利当代著名诗人及外交官。——译者注

⊜ 保罗·策兰（1920 年 11 月 23 日—1970 年 4 月 20 日），第二次世界大战后最重要的德语诗人之一。——译者注

然，也要看价格。我们至今还没有一本像样的《圣诞颂歌》（*A Christmas Carol*），因为过于昂贵。

在我们最小的儿子本恩会读书前，他就会和欧文一起打开包裹，查看那上面印刻的字。看到有新书寄到的时候，他会大叫："这闻着像狄更斯！"我们的四个孩子都读过狄更斯的部分作品，但成为剧院导演的本恩大概是读得最多的。大家都明白，狄更斯藏书会归他所有。

至于剩下的书，要送掉都很困难。我们的摄影师儿子里德会要所有的艺术类书吗？我们的心理学家儿子维克多会要欧文的心理治疗书吗？会有人要我的德语书或者那些研究女性的书吗？很幸运，我的好友玛丽－皮尔·乌略亚（Marie-Pierre Ulloa）在斯坦福大学法语系工作，她答应会拿走我的一大堆法语藏书。有几个书商会到家里来挑一些有转售价值的书，但剩下的那些宝贵藏书恐怕最后都要飘散于风中了。

不过现在，这些书还仍旧放在我们家里和欧文的办公室里。能在生命的最后阶段置身于熟悉的物件中是令人宽慰的。我们很感恩能够住在自己家里，养老院只会是我们迫不得已的最后选择。

7 月

第 5 章　决定退休

　　最近这几年，我一直在酝酿着退休，慢慢做着过渡。心理治疗是我一辈子的事业，想到要放弃它，心里就很痛苦。几年前，我决定在第一次会谈中就告知所有的新病人，我将只能陪他们诊疗一年，这是我迈向退休的第一步。

　　我讨厌从心理治疗岗位上退休的原因有很多，其中最主要的是，我真的非常享受助人的工作，尤其是工作了一辈子后，现在已经游刃有余了。说来有点尴尬，心理治疗能让我听到许多不同的人生故事，这是我更加难舍的另一个原因。我对故事有着近乎贪婪的渴望，尤其是那些可以用于教学与创作的故事。我从小就喜欢各种故事，除了念医学院那段时间外，我总是伴着故事入睡。虽然乔伊斯（Joyce）、纳博科夫（Nabokov）和班维尔（Banville）等伟大的文学家令我着迷，但我真正崇拜的则是那些讲故事的高手——狄更斯、特罗洛普（Trollope）、哈代（Hardy）、契诃夫（Chekhov）、村上春树（Murakami）、陀思妥耶夫斯基、奥斯特（Auster）和麦克尤恩（McEwan）。

现在，让我来讲一个故事吧！在那一刻来临时，我知道是时候从治疗师位置上退下来了。

几周前，7月4号美国国庆节那天，下午4点不到，我从附近公园参加节日游园回来，走进办公室，打算花一小时回复电子邮件。刚刚坐下就听见有人敲门，门口站着一位迷人的中年女士。

"你好，"我跟她打招呼，"我是欧文，你是找我吗？"

"我是艾米莉，一名心理治疗师，从苏格兰来，我和您约了今天下午4点会面。"

我心一沉，糟糕，我的记忆又出状况了！

"请进，"我尽量表现得泰然自若，"让我看一下日程表。"我打开我的预约记事簿，震惊地发现今天下午4点那一栏赫然写着"艾米莉A"。今天早上，我压根儿没想着要看一眼日程安排。假如我头脑确实清醒的话，我就不可能在7月4号这天安排见病人！而此刻，我的其他家人们还在公园里参加节日庆祝活动呢，她出现时，我只是凑巧提早回来，而这完全是个偶然。

"我很抱歉，艾米莉，但今天是美国国庆节，早上我居然没有查看一下我的日程表。你是不是赶了很远的路来这儿的？"

"相当远。不过因为我丈夫要来洛杉矶出差，所以我本就要跟他一起来这里。"

这让我松了一口气：至少她不是专程从苏格兰跋涉而来，找一个完全没把她放在心上的人做治疗。我试图让她感到舒适一点，指着一张椅子说："请坐吧，艾米莉，我现在就有时间来和你谈，但是再请稍等片刻，我要跟家里人说一下，让他们知道我在工作，不要来打扰我们。"

我家离办公室只有 100 英尺⊖左右，我匆匆赶回家给玛丽莲留了个字条，告诉她有个意外的病人来访，并拿上助听器（我并不常用它，但艾米莉讲话的声音十分轻柔），我回到了办公室，在书桌前坐下，打开了电脑。

"艾米莉，我马上就好，但我要先花几分钟来重读一下你给我的电子邮件。"我在电脑里试着搜索艾米莉的电子邮件却没找到，而这一刻，她则开始大声哭泣。我转身面对她，她从包里拿出一沓折好的文件递给我。

"这是你要找的电子邮件，我带来了，因为上次我们见面时，在五年前，你也是没找着我的电子邮件。"她哭得更大声了。

我才读了邮件里的第一句："过去 10 年，在我们的前两次面谈里（一共四次），你帮了我很多，而且……"我没读完，因为艾米莉现在开始号啕大哭，她一遍又一遍地说："谁眼里都

⊖　1 英尺 =0.3048 米。

没有我，谁眼里都没有我。我们见过四次了，可你还是记不得我。"

震惊之余，我将这沓邮件文件放在了一旁，转身看向她。泪水顺着她的脸颊流淌，她徒劳地想在包里翻找纸巾，随后又伸手去拿椅子旁边桌上的面纸盒子，但是，唉，盒子是空的。我不得不起身去卫生间里拿几张纸给她，可卷纸也没剩几张了，我暗自祈祷，但愿这几张够她用。

我们静静地坐了一小会儿，一个事实浮现出来。就在这一刻，我意识到，真正地意识到，我显然不再适合继续临床治疗工作了。我的记忆力太差了。于是，我不再是专家姿态，关上电脑，转向她："我非常非常抱歉，艾米莉。到目前为止，咱们这次会面像是一场梦魇。"

一段沉默之后，她恢复了平静，我也理清了思绪。"艾米莉，有一些话我想跟你说。首先，你怀着期待远道而来，希望见到我，我非常愿意在接下来的一小时，尽我所能地和你面谈。然而，因为我给你造成如此大的困扰，我不能向你收取今天的诊疗费。其次，我想跟你谈谈你被忽视的感觉。请听我说，我必须告诉你，我忘记了你，这跟你无关，这完全是我的问题。让我告诉你一些我目前的生活状况吧！"

艾米莉停止了哭泣，用手帕擦了擦眼睛，坐在椅子上身体前倾，仔细听着。

"首先，我要告诉你，我和妻子结婚已经65年了，现在她患了癌症，正在经受化疗的煎熬。这件事对我的影响很大，我无法像以前一样在工作的时候保持专注。而且我也想告诉你，最近，我怀疑我的记忆力出了问题，可能无法胜任临床心理治疗工作了。"

嘴上虽然这么说，但心里对自己满是质疑：事实上，我这样讲似乎是说，妻子生病导致我承受压力才让我记忆力衰退，而不是我自己本身的问题。我感到羞愧，我知道，其实早就出问题了。几个月前的一天，我和一位同事一起散步，我还跟他说我担心自己的记忆力：早上起来上厕所，刮完胡子以后，我完全记不得自己有没有刷过牙，直到摸了潮湿的牙刷头，才知道我确实刷过牙了。我至今记得他的回应（对我来说有点过于唐突了），他说："欧文，所以你现在还不把事情都记在本子上吗？"

艾米莉一直在认真听着，她说："亚隆医生，这也是我之前想跟你谈的事情之一，我一直有类似的担心，我尤其担心自己识别人脸的能力，我很害怕自己患上阿尔茨海默病。"

我立刻回答道："艾米莉，有一些是我可以确定的，你的这种情况被称为脸盲症，或者叫面容失认症（Prosopagnosia），并不是阿尔茨海默病的前兆。有一位优秀的神经学家，同时也是一位作家，叫奥利弗·萨克斯（Oliver Sacks），他本人就有面部识别困难，关于这个议题他有非常精彩的著述，也许你会有兴趣读一读。"

"我回头查一下，我对他很熟悉，他是个很棒的作家，我很喜欢他那本《错把妻子当帽子》（*The Man Who Mistook His Wife for a Hat*），你知道吗，他是英国人。"

我点头："我是他的忠实粉丝。几年前他病重，我给他写过一封信，几周后我收到他家人的回信，信中说在奥利弗去世的前几天，他们把我的信读给他听。艾米莉，除了这一点，我还有一些个人状况想告诉你，我发现自己也是脸盲，尤其是我看电影和电视的时候——我总是问我太太'这个人是谁'，我现在知道，如果不是跟我太太在一起的话，我自己根本看不完这些片子。我并不是这方面疾病的专家，你可能需要去找个神经科医生谈一下，不过请放心，这并不是早期痴呆的征兆。"

于是，我们的咨询，确切地说，是我们的亲密交谈，进行了 50 分钟。我虽不能百分百地确定，但还是觉得我所分享的这些——关于我自己的状况，对她而言是有意义的。就我而言，我确信自己永远不会忘记我们在一起交谈的这一小时，因为那是我下决心从毕生事业中退休的时刻。

第二天，我还想着艾米莉，于是给她发了一封邮件，为我没有准备好跟她约谈再次道歉，但与此同时，我也期待她依然能从这次会谈中多少获益点。又过了一天，她回复邮件说，您的道歉令人非常感动，过往所有的交谈都让人感怀于心。她还写道："特别感动我的还有这几次面谈之外您的友善。有一次因为我没有美元，你借了我美元让我打车去机场；还有一次，面谈结束时你允许我给你一个温暖的拥抱；你拒收我们最近这次会谈的诊疗费；以及现在，你又给我发了这封真诚动人的道歉信。这些是人与人之间的时刻，而非治疗师与来访者的时刻，对我个人（以及我的来访者）产生了巨大的影响。这些鼓舞着我，让我相信即便有时候我们犯了错（但凡是人，都会犯错），我们依然可以用真诚和友善来弥补。"

我将永远感激艾米莉的这封邮件。它极大地缓解了退休带给我的痛楚。

6 月

第 6 章　困境与重燃希望

　　6 月通常是家庭聚会的日子：欧文的生日是 6 月 13 号，父亲节是 6 月 21 号，我们的结婚纪念日是 6 月 27 号。原本今年 6 月会尤其特殊——我们要庆祝结婚 65 周年！这让我们成了真正的老古董，因为很少有美国人会抵达这个里程碑。相比过去，现在的人结婚晚多了，更不要说好多人还选择不婚。我们原计划在 6 月 27 号举行一场盛大的周年庆祝活动，但后来决定延期，等到我"好些"再说。

　　上个月，我去斯坦福大学参加了旧金山湾区多发性骨髓瘤患者的一个支持团体。回来以后，我决定要更加积极主动地对待我的疾病。虽然我很佩服年轻些的患者敢于尝试激进治疗方案的勇气，比如干细胞和骨髓移植，但我并不愿意走那条路。我也怀疑，过度用药和不顾个体差异的处方药可能引发了我在二月份的中风。

　　然而过去一个月降低剂量的化疗看上去对我没有效果，我需要回到更高的剂量水平。我很害怕这样的变化，因为之前的副作用太严重了，而我不想在来日无多的生命中再去经受如此强烈的痛苦了。眼下我想先看看，回到万珂（Velcade）^一二级（比最高的剂量低一级）是否足以对抗病魔。

　　这段时间对于欧文来说也是尤为艰难的。心理治疗师的角色与他的自我身份认同密不可分，而他正面临即将退休的现实，他会极度想念作为心理治疗师的生活。不过我知道，欧文会找到维持他专业身份的办法。他每天都要回复大量邮件，也仍然提供一次性的咨询，并通过视频会议软件Zoom与其他心理治疗师进行远程交流。最重要的是，他笔耕不辍。

　　我同样也担心他的身体状况，尤其是他很难保持平衡。他在家里需要拐杖，在户外需要助步器。一想到他有可能摔倒而严重受伤，我就惊恐不安。

　　我们真是完美的一对，我有多发性骨髓瘤，他有心脏和平衡问题。

　　两位在生命终曲中共舞的暮年老人。

　　㊀　万珂，一种抗癌药物。——译者注

～

父亲节那天，孩子们和孙辈们在露台上为我们准备了一顿丰盛的午餐，有欧文最喜欢的几个菜：茄子、土豆泥和欧洲萝卜、烤鸡、沙拉，还有巧克力蛋糕。我们能有这些体贴的孩子来照顾我们，让我们有依靠，真是太幸运了。像大多数父母一样，我们希望孩子们能在我们去世后继续保持大家庭的紧密联系，但当然了，这不是我们说了算。

目前看来，所有的儿女和孙辈们都过得不错。最大的孙女莉莉和她的妻子艾莱达婚姻美满，他们都有工作，最近在奥克兰买了房子。我很高兴她们住在旧金山湾区，这里普遍能够接受同性恋婚姻。第二个孙女阿兰娜正在杜兰大学医学院进行最后一年的学习，她将像她母亲一样在妇产科领域开辟事业。第三个孙女丽诺尔将在西北大学的生物系开始读研。最大的孙子杰森在日本完成了本科学业，现在就职于一家专注海外开发的建筑设计公司。第二个孙子德斯蒙德刚刚从阿肯色州的汉德里克斯学院（Hendrix College）获得数学及计算机科学的学位。作为祖母，看到他们都学业有成，步入了各自的职业领域，我感到很欣慰。

然而一想到我将无法看到三个最小的孙辈们长大，心里就很难接受。他们是六岁的艾德里安、三岁的玛雅和一岁的帕罗玛，他们都是本恩和艾妮莎的孩子。在艾德里安刚出生的头几年，因为喜欢儿歌，他跟我很亲。我会给他念，他就学着背，还会表演出来。在我的脑海里，我似乎看到他像《鹅妈妈童谣》里那个小矮胖墩儿一样"栽了一个大跟头"，或者像《嗨，迪多，迪多》（"Hey Diddle Diddle"）里的盘子和勺子那样跑开了。我时日无多了，看不到艾德里安、玛雅和帕罗玛长到少年的模样了，这让我悲从中来。他们以后不会对我有什么印象，除了在一些闪现的记忆碎片里。好吧，也许每当艾德里安听到儿歌的时候会想起我。

～

今天我去接受万珂注射。当然，是欧文带我去的。像往常一样，他在整个过程中一直陪着我。我先要在化验室里抽血，这一步通常高效而无痛。化验结果将会决定，像我这样身高体重的人需要注射多少剂量才合适。这种个人化的方式让我感到比较安心，尤其是在我经历了险些致命的中风之后。

注射中心的一名护士帮我注射万珂。那里的护士亲切友好，并且效率极高。他们总是有问必答，确保我盖着电热毯，还给我送来苹果汁，让我体内保持充足的水分。药物是从腹部注射进去的，几秒钟就完事了。总算有这么一回，我为自己腹部有赘肉而感到高兴。

在这之后，欧文和我去斯坦福购物中心吃午饭，我发觉自己居然感受到了愉悦！希望这种好心情可以继续下去。

～

注射万珂的副作用并没有像我担心的那么严重，也许是因为我在治疗前服用了类固醇，这似乎令我不那么焦虑，精神也比往常好一些，唯一的不适是晚上难以入眠，只能依赖强力安眠药。

一天傍晚，邻居丽莎与荷蒙过来和我们一起吃比萨。丽莎10年前得了乳腺癌，在经历了乳房切除术、放疗、化疗这一番猛攻后，她的癌症进入了缓解期。她说她也有过化疗脑的体验，在化疗期间也服用了类固醇，也因此失眠，这让我确认了我的这些症状都是"正常的"，长远来看，甚至也可能是短暂的。现在，65岁的丽莎正过着美好的生活，她和丈夫都是组织心理学家，他俩的工作充满了活力与创造力。

我现在能够坐到电脑边，回复电子邮件并恢复写作。我也在给斯坦福大学档案库选送资料。在过去至少10年里，我们都在往那里存放我们的论文和书。欧文把这个活儿交给了我，因为他似乎并不在意自己论文的命运，也不觉得有人会去看他的档案。我提醒他，有两位重要的人已经去档案库查找过资料了：莎宾·吉斯吉尔（Sabine Gisiger）为了她制作的纪录片《亚隆的心灵疗愈》（*Yalom's Cure*），以及杰夫瑞·柏曼（Jeffrey Berman）为他写的《亚隆的心理治疗文学》（*Writing the Talking Cure*）这本书，这是关于欧文出版的所有作品。

　　我又打开了另一个装满文件的抽屉，一想到有多少共同经历的岁月将随着我们的死亡而消逝，内心就痛苦不已。想要了解一个存在过的生命，图书馆里那些被一丝不苟地保存着的档案资料只能提供一些线索，而研究者、历史学家、传记作家、电影制作者才能使它们活过来。有些文件连我们自己都毫无印象了，比如欧文和我合著的两篇文章，有关"负罪感"和"寡妇"——我们什么时候写的？为何而写？发表了吗？

　　还有些过去的东西让我不禁莞尔，比如 1998 年作家蒂丽·奥尔森（Tillie Olsen）用她无与伦比的蝇头小字写来的一封亲笔信。蒂丽参与了我在斯坦福大学组织的一个公开访谈项目，这些访谈被编纂在《西海岸女性作家》（*Women Writers of the West Coast*）这本书里，那里面还有玛尔戈·戴维斯（Margo Davis）拍摄的精彩照片。蒂丽可以说是很难相处的一个人，但她才华横溢。有一天在我斯坦福的班上，她环顾了一下四周说："特权没有什么不对，每个人都应该拥有特权。"

　　我翻到的大部分东西都可以直接被扔掉了。谁会想要从 100 个不同的美国墓地收集来的记录呢？然而，扔掉这些资料让我十分心痛。每一个记录都代表了我和儿子里德去探访的一个墓地，那时我们正在为我俩合著的书《美国人的安息之地》而环游美国。无数人在亲人的尸骨之上竖起墓碑，在石头上刻上所爱之人的名字，这似乎意味着永恒，令人安慰。我很感恩，这本书仍在发行中。

对任何人来说，整理自己的文字作品都会百感交集吧！对于我这样在写作中充分表达了自我的人来说，这个梳理的过程常常撼动到我内心最深处。我看到一篇名为《什么对我重要》的文章，那是我 10 年前为斯坦福大学的一个演讲所写的，里面的内容是如此贴近我当下的所思所想：

昨天早上醒来的时候，我脑子里有一片四叶草的意象。我马上领会到这与我今天的演讲有关。梦境和醒来时的画面常常是让我更加深入理解自己的方式……这个意象令我有些困惑，因为我已经计划好要谈三件事——分别由四叶草中的三个叶片来代表，但我不知道这第四片叶子意味着什么……

对我重要的是家人和亲密的朋友。在这一点上，我和世界上几乎所有人都一样……

对我重要的是工作，不再是作为一名教授，而是作为一名作家，面向学术圈内外的读者……

对我重要的是自然。自然是美和真的另一种形式。在我的一生中，大自然总能带给我喜悦、安慰和灵感……

现在我想起第四片叶子代表什么了，它是关于道德的驱动、意义的追寻、人与人的连接、人与自然的关系，这一切都可以归于"灵性"……

没有一个答案是适用于所有人的，每个人都必须自己去发现何为重要。不过，在探寻的道路上会有一些线索和路标。我会从很多文字和非文字的资源里找寻最好的自己：英美诗歌、《圣经》、普鲁斯特（Proust）⊖和汤婷婷（Maxine Hong Kingston）⊜的作品，见到一群鹌鹑，目睹玫瑰花的盛开。我的心中还珍藏着心胸宽广、充满爱意的父母、老师和同事的回忆，我也谨记《诗篇》中的这句："美好与慈悲必将与我终生相随。"我努力让自己配得上这句话，并将它传递给下一代。现在，随着我在地球上的时日接近尾声，我将尽力依照这些原则度过余生。

～

尽管身陷困境，生活中有些时刻让我仍然觉得活着真好。亲密好友近日从斯坦福和马林郡过来与我共进晚餐，我和他们一起待了三个小时。斯坦福大学精神病学系的大卫·斯皮格尔（David Spiegel）以及闻名于KQED⊜广播电台《论坛》节目的迈克尔·克雷斯尼（Michael Krasny）都很擅长讲犹太笑话，令人开怀不已。

当那些折磨人的治疗副作用再次来袭时，我会努力记起这

⊖ 马塞尔·普鲁斯特是法国意识流作家，最主要的作品为《追忆似水年华》。——译者注

⊜ 麦珂锡·汤·金斯顿，中文名汤婷婷，华裔美国作家，代表作《女勇士》。——译者注

⊜ KQED是位于加利福尼亚州旧金山的美国国家公共广播电台的成员广播电台。——译者注

些不离不弃、幽默智慧的朋友们所带来的欢笑。最近，我发现我的右眼里出现了一处很明显的睑腺炎。我的眼科医生认为这与我的疾病无关，他建议我用热敷和抗生素眼药水来治疗。但现在，又有两处睑腺炎出现了，我开始担心。欧文在网上搜索"睑腺炎与多发性骨髓瘤"，果然，睑腺炎被列为万珂的副作用之一。

我的内科医生和血液科医生都说我应该继续热敷，但他们不主张我放弃万珂。于是我再次被困在药物延长生命的益处与其糟糕的副作用之间。正如一位科学家在凯瑟琳·埃班（Katherine Eban）2019 年出版的《谎言之瓶》（*Bottle of Lies*）中所说："所有的药物都具有毒性，它们只有在特定的条件下才会发挥益处。"或者，像我在经历了化疗药物瑞复美所引发的中风后意识到：化疗确实可以延长你的生命，如果它没有先把你杀死。

我不知道我的癌症是否会进入缓解期。这个夏天会是我此生最后一个夏天吗？

我想到有本书中的句子："万物有时……生亦有时，死亦有时。"

8月

第7章 再一次 直视骄阳

　　我和玛丽莲与负责为她治疗的肿瘤科 M 医生，进行了一次重要的会谈。会谈一开始，M 医生就表示，她也认为目前化疗的副作用太强烈了，超出了玛丽莲的承受范围；另外，实验室的结果也显示，低剂量的化疗起不到什么作用。所以她建议我们用另一种治疗方案，即免疫球蛋白疗法，这需要每周输液，直接攻击癌细胞。她跟我们介绍了一些重要的数据：40% 的患者会因输液而产生明显的副作用，包括呼吸困难和皮疹，其中大部分症状可在使用强抗组胺药后得到缓解。在能耐受副作用的患者中，有三分之二的人病情会得到改善。听她说到这些，我感到非常不安。如果玛丽莲是那另外的三分之一，那么就彻底没有希望了。

　　玛丽莲同意了免疫球蛋白的治疗方案，不过她从不拐弯抹角，直截了当地问："如果这条路也行不通，比如我无法耐受或者这套方案索性就是无效的，你会同意我去进行缓和照顾，和医生探讨一下方案吗？"

M 医生吓了一跳，犹豫了几秒，随后同意了玛丽莲的要求，并把我们介绍给了缓和照顾科的主任 S 医生。几天后我们见到了 S 医生，她是一位沉稳、敏锐又温柔的女性。她跟我们说，她的科室有多种方案来应对玛丽莲所用药物带来的副作用，玛丽莲耐心听着，不过最终她还是问了这个问题："如果我感觉到极度不适以至于希望结束自己的生命，那么缓和照顾可以发挥什么作用呢？"

犹豫了一会儿，S 医生回答道，如果两位医生书面同意，他们科室可以帮助她。听到这个回答，玛丽莲似乎安下心来，同意了开始为期一个月的新方案：免疫球蛋白治疗。

我呆坐一旁，心神恍惚，同时玛丽莲的直率和无畏又令我钦佩不已。我们面前可走的路越来越少，我们就这样开始闲谈般、敞开来讨论玛丽莲的临终问题。会谈结束离开，我内心惊愕迷茫，不知所措。

那天余下的时光里我们俩一直在一起：我唯一要做的就是不让她离开我的视线，寸步不离，握住她的手不放。73 年前我就爱上了她，最近我们才庆祝了 65 周年结婚纪念日。我知道，在这么漫长的时间里一直深爱某人，是非常少见的事儿。然而，即便到了今天，她一走进房间，我的心就会被点亮。我爱慕她的一切——她如此高雅、美丽、善良和睿智。虽然学术背景各异，但我们对文学和戏剧有着共同的热爱。自然科学领域之外，她博学多闻，每当我在人文领域有任何疑问，她总能给予我启迪。我们的关系也并不总是和谐的，我们也有过分歧、争吵，有过轻率之举，但我们彼此总是坦诚相待，永远，永远把我们的关系放在第一位。

这辈子，我们几乎都是一起度过的，而现在她患上了多发性骨髓瘤，这迫使我不得不开始思考，没有她的日子我要怎么生活。她的离去，第一次变得如此真实而迫切。想象着生活里再也没有玛丽莲，我无比恐惧，脑海中闪过随她一起去的想法。前几周，我跟最亲近的几位医生朋友谈起这个问题，其中一位跟我讲，他也和我一样，如果伴侣离世了，他会考虑自杀。其他的几位朋友说，如果他们患上严重的痴呆，还不如死掉算了。我们甚至讨论了自杀的方式，比如服用哪几种药或其他来自安乐死协会的建议。

在我的小说《斯宾诺莎难题》（*The Spinoza Problem*）里，我写到赫尔曼·戈林（Hermann Goring）在纽伦堡的最后的日子，并描述了他是如何通过吞下随身暗藏的氰化物来欺骗行刑人，在被处决前先自杀身亡。当年许多纳粹头目都有这些氰化物小胶囊，希特勒（Hitler）、戈培尔（Goebbels）、希姆莱（Himmler）、博尔曼（Bormann）都是这样自杀的。可那是 75 年前的事了！现在怎么办？现在到哪里去搞到这样的氰化物呢？

我并没有在这个问题上琢磨太久，因为可怕的后果很快就直入眼帘：如果我自杀了，会对我的孩子、朋友以及病人造成影响。这么多年以来，我一直在为丧偶群体工作，提供个别治疗和团体治疗，致力于帮助他们度过失去伴侣后那极为煎熬的第一年，有时是两年。我曾无数次欣喜地看着他们逐渐恢复，重启人生。而如果我自杀了，这将是对他们，对我们一起完成的治疗的巨大背叛。我曾帮助他们渡过了痛苦与折磨，然而轮到我的时候，我却选择逃避。不，我不能这么做。帮助我的病人是我这一生的使命，是我不能，也不会去违背的。

～

上次见过那位来自苏格兰的病人以后，我立即做出了退休的决定，至今已经好几周了。目前我还做一些单次咨询，可能一周四或五次，但我不再接需要长期治疗的病人了。对于我来说，当了这么久的心理治疗师，猛然停止带给我巨大的失落，我有种失重感，亟须找到新方式让生活过得有意义。我庆幸自己还能写作，和玛丽莲联手写书，是我们应对生活的灵药，对她来说如此，对我更是。为了寻找写作灵感，我打开了我的"写作笔记"，这是一个陈旧的大文件夹，里面都是我几十年来记录下来的想法。

这个文件夹记录的全是故事，源于我和病人们的临床治疗。对于这些可以用于培养年轻治疗师的材料，我越读越有兴致。我极度在意为病人保护其隐私，即使这个文件夹我从不公开，只供我自己阅读，里面的素材也统统都匿名化了。细读下来，我愈发觉得糊涂，我很久以前治疗过的这些人是谁？我匿名化的处理实在太成功了，以致我自己都想不起来谁是谁了。除此之外，因为我那时对自己的记忆力太有信心了，我并没有给任何已经使用过的内容做标注。假如我有先见之明，能预想到80多岁的自己重读这些材料时的困难，我就可能会做些标记，比如在某些材料下注明"19××年或20××年在某本书的某某页用过"。现在的问题在于，没有这些标记，我根本不知道哪些故事已经被用过了，用在哪本书的什么地方；搞不清楚这些，继续写书，我就可能不知不觉地"抄袭"了自己的作品。

毫无疑问，重读我自己的一些书是必要的。我已经很多年没有读过自己写的书了。当我的目光转到陈列自己作品的书架时，《直视骄阳》(*Staring at the Sun*) 醒目的黄色书皮跃入眼帘。在我的书里，这是相对较新的一本，大约写于15年前，我刚刚70多岁时。这本书的核心论点是，死亡焦虑在病人生命中的分量远高于人们的普遍认知。现在，我自己的生命接近尾声，妻子身患绝症，我想知道这本书现在会对我有怎样的影响。长久以来，我一直努力安慰那些与死亡焦虑做斗争的病人，现在轮到我自己了。《直视骄阳》能帮到我吗？我能从我自己的书里找到慰藉吗？

这本书开头的一段引文吸引了我的注意力，这段话读起来有点古怪，它源自米兰·昆德拉（Milos Kundera）——我最钟爱的作家之一。"死亡最可怕的不是失去未来，而是失去过去。事实上，遗忘本身便是一种不断在生命中上演的死亡形式。"

这段话在我心里立刻激起了涟漪，尤其在我越发意识到自己的健忘、很多重要记忆正在消散褪色之际，它就显得更加贴切。此前，我是靠着玛丽莲令人惊叹的好记性才免受其害的，如今我意识到，一旦她离世了，我将会独自一人迷失于残缺不全的记忆地图之中，我过往生命中的很大一部分也将随她而去。几天前，玛丽莲在整理准备放入斯坦福大学档案馆的材料时，偶然发现了一份课程大纲，那是 1973 年我们俩在斯坦福大学共同教授的一门课——"生活和文学中的死亡"。她想回忆一下这门课，而我却根本没法加入：我压根儿想不起关于这门课的一丝一毫，完全不记得我们讲课的内容，也记不得任何一个学生的模样。

所以，没错，昆德拉说得太精准了："遗忘本身便是一种不断在生命中上演的死亡形式。"

想起那些我记忆中已经消散的过去，哀伤便阵阵袭来。我的爸爸、妈妈和姐姐，还有那么多朋友和病人，他们去世了，我是他们唯一的记忆持有者，他们现在只作为闪烁的脉冲，存在于我的神经系统中。只有我，让他们活着。

在脑海里，我能清楚地看见我的父亲。这是一个星期天的早上，和往常一样，我们坐在家里的红色牛皮桌边下棋。他是一位英俊的男士，黑色长发全部梳向脑后，后来我一直模仿他梳一样的发型，直到我上了初中，妈妈和姐姐坚决不许我再梳这种发型。我记得，那时候我们下棋，多数时候都是我赢，但直到现在我还是在想，他是不是在故意让着我。有好一会儿，他慈爱的面孔在我脑海里是清晰的，然后逐渐模糊直至消逝。想到我一死他也将永远消失，再也不会有任何人记得他的脸了，这叫人太过难受了。人对整个世界的经验，就这样转瞬即逝，让我不寒而栗。

我记得，我曾跟罗洛·梅（Rollo May，我的治疗师，后来成了我的朋友）讲起过我的回忆——我与父亲之间的那些棋局。他说希望他也能以同样的方式活在我的心里。他还说道，许多焦虑其实都源于对遗忘的恐惧，"由虚无而生的焦虑，总会试图幻化为对具体事物的焦虑"，换句话说，源于虚无的焦虑，会很快附着于某个有形的、具体的事物之上。

读者们写电子邮件告诉我，我的书令他们深受感动，对他们产生了巨大的影响，这些带给我慰藉。然而，在我脑海更深处却认为：一切都是短暂的，包括所有的记忆和所有的影响。

一代人，也许至多两代吧，随后就不再会有人记得我，不再会读我的书。如果不知晓这一点，不接受存在的消逝，就是生活在自我欺骗中。

~

在《直视骄阳》前面一章里，涉及"觉醒体验"的内容，一种对死亡的开悟体验。我曾详细地描写了狄更斯小说《圣诞颂歌》中的主角守财奴斯克鲁奇（Scrooge），他被圣诞三精灵中的"未来之灵"拜访。"未来之灵"预言了斯克鲁奇的死亡，并让他"看了"自己的死后景象：没有一个人在意他的死亡，全都漠不关心。这使得斯克鲁奇幡然悔悟，他意识到自己一直以来都是自私自利，这让他的人格发生了重大而积极的转变。另一个众所周知的觉醒体验，发生在托尔斯泰笔下的伊凡·伊里奇（Ivan Ilyich）身上，他在临终前意识到，自己之所以死得如此凄惨，是因为他一辈子都活得如此悲催。这一领悟催生了一次重大的转变，即使伊凡已经走到了生命的尽头。

我见证过类似体验对很多病人的影响，但我自己好像并没有经历过如此强烈的觉醒体验。就算有过，我也完全不记得了。在我作为医学生受训时，没有一个病人在我治疗期间过世。我，或者我最亲密的朋友们也都没有接近过死亡事件。即便如此，我还是常常会思考死亡，其中很大一部分是思考我自己的死亡。我想，这种对死亡议题的关注应该具有一定的普遍性。

1957 年，我决定要把心理治疗当作我毕生事业，并在约翰斯·霍普金斯大学开始精神病学住院医师实习，那时候我接触到了精神动力学的理论，我意识到动力学理论对深层的死亡议题是漠视的，这让我感到既失望又困惑。在接受培训的第一年，我被罗洛·梅的新书《存在》（*Existence*）所吸引，近乎狂热，我发现存在主义哲学家们的研究和我的职业关系紧密。我决定研读哲学，在住院受训第二年，我非常刻苦地修了为期一年的西方哲学本科课程，每周有三个晚上，我在约翰斯·霍普金斯大学的本科生校区上课，这个校区和我住院实习的附属医院仅隔一条巴尔的摩街。这门课让我对哲学产生了浓厚兴趣，我广泛阅读了大量的哲学著作。几年后，我去了斯坦福大学，修习了更多的哲学课程，并由此结识了两位我钟爱的哲学教授——达格芬·福勒斯达尔（Dagfin Follesdal）和范·哈维（Van Harvey），我和他们成了终生的朋友。

作为心理治疗师执业的头几年里，我记录下了病人们报告给我的觉醒体验。在《直视骄阳》里，我写过一个长期病人，在我们治疗期间她的丈夫去世了。在那之后不久，她决定要从他们曾经一起居住、养育孩子的大房子搬到一间两居室的小公寓。在这个过程里，她要清理和捐赠掉很多物品，那些物品承载着许多关于她丈夫、孩子们的记忆，她知道，此后拥有这些物品的陌生人不可能知晓任何跟这些物品有关的故事，她为此深感懊恼。我记得当时我和她关系颇近，我认识她的丈夫（一位斯坦福大学的教授），我想象着自己处于她的位置，不得不放弃这么多承载着他们共同生活印记的纪念品，她的痛苦我感同身受。

我在斯坦福大学任职时，开始探索将与死亡的对抗这一议题引入心理治疗的途径，我曾经治疗过很多身患绝症的病人，并开始考虑为这些人组织并带领一个治疗团体。我清晰地记得那一天，凯蒂·W. 来办公室找我，她是一名了不起的女性，她当时身患癌症并已转移，通过她我联系上了美国癌症协会，她和我一起组织了一个治疗团体，团体招收的组员都是癌细胞已经扩散了的晚期患者。我和一些学生、同事在随后的很多年里，带领了很多这样的治疗团体。虽然现在，这样的团体治疗已经很常见，但在 1970 年，据我所知，这是第一个类似的治疗性团体。正是在这个团体中，我第一次被死亡所围绕，至今印象深刻，因为我的团体成员一个接一个，死于癌症。

在这个过程中，我自己对死亡的焦虑急剧上升，于是我决定再度接受治疗。巧的是，那时候罗洛·梅刚从纽约搬到加州的蒂伯龙市，他在家中设置了办公室，接待来访者，那里离斯坦福大学约 80 分钟车程。我联系上他，在随后的两年里，我们每周都面谈一次。罗洛·梅对我帮助很大，虽然我相信，有好几次我们关于死亡的讨论，也对他造成了影响（他年长我 22 岁）。我们的治疗关系结束以后，他和我、他的妻子乔治娅和玛丽莲都成了好朋友。多年之后的一天，乔治娅给我打电话，说罗洛已处于弥留状态，请我和玛丽莲去一趟他家。我们立刻赶过去，陪着乔治娅一起在他床边守夜，两个小时后，罗洛离世了。那天晚上发生的一切，我都能清晰地记得，这种感觉很奇怪。死亡总是有办法吸引你的注意，并将其永久地刻印在你的记忆中。

～

我继续阅读《直视骄阳》，看到关于校友聚会的讨论，同学聚会总是会让人更加意识到衰老和不可避免的死亡。这让我想到两个多月前发生的一件事。

我去参加一个纪念午餐会，纪念的是斯坦福大学精神病学系前系主任大卫·汉堡（David Hamburg）。大卫之于我，意义非凡，当年他为我提供了第一个，也是唯一一个学术职位，他是我所敬重的前辈和榜样。我期待能借此机会，见到所有当年在斯坦福精神病学系任职的老同事、老朋友。午餐会当天来了很多人，可是，系里的老熟人只有两位。他们都很老了，而且还是在我之后才加入系里任职的。我真是太失望了。我本来希望能有个大聚会，能见到57年前那十几个和我一起在系里共事的年轻派，那时候斯坦福大学医学院刚刚搬到帕洛阿尔托不久。（此前的斯坦福医学院一直在旧金山。）

我在纪念午餐会上四处与人聊天，询问了解老同事们的近况，终于明白在那一批年轻人里，我是唯一还活着的，其他人都已经去世了。我试着回忆他们——皮特，弗兰克，阿尔伯特，贝蒂，吉格，厄尼，两个大卫，两个乔治。我能想起大部分人的模样，可是有的名字我一下子想不起来了。我们都曾是青年才俊，精神病学事业刚刚开展，个个摩拳擦掌，踌躇满志。

我不禁感叹，否认的力量太强大了！我一次又一次忘记了自己有多大岁数，一次又一次忘记了我早年的朋友和同龄人都已经死了，而我是下一个。我在继续认同年轻时候的那个我，直至被某种严峻的反向力量拽回到现实。

我继续阅读，《直视骄阳》的一段话引起了我的注意，描述了我和一位悲痛的病人之间的对谈，由于亲密好友的去世，她产生了强烈的死亡焦虑，无法正常生活。

"对你来说，死亡最可怕的是什么？"我问。

"是所有那些我将不再有机会去做的事。"她说。

这一点极其重要，它一直是我临床治疗工作的核心。长久以来，我一直坚信，死亡焦虑和你生命中有多少未尽事宜存在着正相关。换句话说，你越是未曾好好地活过，你对死亡的焦虑就会越严重。

～

重要他人的去世，最容易把我们推到死亡面前。在《直视骄阳》前面的章节里，有一个病人跟我讲了她的一个噩梦，几天前她的丈夫刚刚去世。"我站在度假小屋的门廊上，四周是有纱窗的，外面有一头巨大的野兽，我被吓坏了。我想安抚它，扔了一个穿红格子衣服的玩具娃娃给它，它吞了娃娃，但还是继续盯着我。"梦里的信息是显而易见的，她丈夫去世的时候穿的就是红色格子睡衣。这个梦传递给她的信息是死亡是无情的，她丈夫的死还不算完，她自己也是这头野兽的猎物。

我妻子的病意味着，她几乎肯定会先我而去，但我的死期也不会隔得太远。奇怪的是，我对自己的死并不感到害怕，我的恐惧源自对生命里再也没有玛丽莲的想法。是的，很多研究告诉我们（其中一些还是我自己的研究），哀伤并不会无止境地持续下去，一旦我们经历了一整年的时间，度过四季，度过逝者的生日、忌日，以及各种节假日，整整 12 个月，然后，我们的痛苦会慢慢消退。两年后，几乎所有人都可以从哀伤里走出来，重新回到生活中去。这是我以前写的，但是现在，我不确定这个理论是否会适用于我。我 15 岁就爱上了她，如果没有她，我无法想象要怎么重新回到生活里。这一辈子，我充分地活过了，我所有的心愿都已达成，我的四个孩子还有最年长的几个孙辈都已长大成人，我不再是不可或缺的人了。

　　一天晚上，我梦到玛丽莲死了，引发了严重焦虑。我只记得其中一个细节：我在强烈地抱怨，我的墓穴被安置在玛丽莲墓穴旁，而不是共用一个。我希望我们可以靠得更近一些，躺在同一副棺木里。醒来后的早上，我跟玛丽莲说了这个梦，她告诉我这是不可能的。几年前，她和我们当摄影师的儿子里德合著一本书，为此他们曾考察过美国各地的墓地，她从没遇到过双人棺木。

8月

第8章　这到底是属于谁的死亡

我刚刚读了欧文写的有关重温《直视骄阳》的那一章，既感动又不安。他已经在为我的逝去而哀伤了。按照统计学概率来讲，较早去世的往往是丈夫，但我非常有可能是先离开的那个，真是出人意料！英文里甚至都体现了这种预期的两性差别。比较典型的情况是，当一个词有不同性别的表达形式时，词根都是男性的，比如"英雄"（hero 与 heroine）、"诗人"（poet 与 poetess），但在这里，"鳏夫"（widower）的词根是"寡妇"（widow）。以女性为词根，就表明了女人在统计上比配偶更长寿。

我无法想象欧文失去我之后的生活。一想到他将形单影只，我心底就升起巨大的悲伤。但在过去这八个月里，我关注的仍旧是自己的身体。那几个月的化疗差点要了我的命，万珂巨大的副作用对我伤害至深。现在正在进行的免疫球蛋白疗法对我的冲击没有那么大了，这让我偶尔能享受一些和欧文、孩子们、孙辈们以及来访朋友们之间的美好时光。然而谁知道这个疗法是否有效呢？

我们已经与斯坦福医院负责缓和照顾的 S 医生会过面了。她是一位可爱的女性，肩负着帮助临终病人这个艰巨的责任。如果 M 医生告诉我免疫球蛋白疗法无效，那我就会请求缓和照顾以及寻求他们的最终协助。我不想再经受更多激进的治疗手段了。但是，这是我独自就可以做的决定吗？

～

当好朋友海伦和大卫给我们送来晚饭时，我告诉他们，如果我现在的治疗无效，缓和照顾和医生的最终协助会是一种解脱。

大卫立即回应道："你的身体只有一次投票权。"

在那一刻，如同今年中的很多时刻，我意识到，我的死不只是属于我一个人的选择，我还需要考虑到那些爱我的人——最重要的是欧文，然后还有其他亲人和好友。虽然一直以来我的朋友们对我都很重要，但他们听到我得病后所表达的深切担忧还是令我动容。周围能有这么关爱我的人是多么幸运啊！

当电话和邮件多得让我无法一一回复时，我做了一个大胆的决定——我群发了一封邮件给 50 位朋友。我是这样写的：

亲爱的朋友们：

请原谅我无法一一回复你们，只能发出这封群邮。在过去的这六个月里，我深深地感激你们每个人给予我的鼓励——你们的探访，你们寄来的卡片、鲜花、美食以及其他各种爱的表达。如果没有家人和朋友的支持，我不可能撑到现在。

由于种种原因，我们现在放弃了化疗，并开始了一种叫免疫球蛋白疗法的新的治疗方法。这种疗法不会带来化疗那么剧烈的副作用，但可能不那么有效。我们会在一两个月内知道结果。

如果我感觉好一些了，那时我希望能联系你们每一个人，约时间跟你们打电话或见面。同时我想让你们知道，你们对我的挂念和祷告让我满心温暖，并支撑着我与斯坦福医疗团队为延长生命而共同努力。

爱你们每一位。

玛丽莲

对于发出这样一封群发邮件，我感到很别扭。不过，当我收到许许多多的回复时，我很高兴自己这样做了：他们给了我更多理由要努力活着。

我想到我的法国外交官朋友，他的病会让人极度虚弱。他曾跟我说，他不惧怕死亡，但惧怕死亡的过程。我也不惧怕死亡，但是每天一点一滴地死去令人难以忍受。几个月来，我已经对即将死去这个想法习以为常了。在过去几十年里，欧文和我通过我们共同的教学和他的写作对死亡这个议题已经思考了很多。朋友们都惊讶于我面对死亡的冷静，但有时候，我怀疑这份冷静或许只是一层保护膜，而在内心深处，我其实同样惊恐万状。

近日来，盛放着我隐秘痛苦的那口井满溢出来，流淌成一个生动的梦。在梦里，我和一位朋友在打电话。她告诉我，她成年的儿子一天前去世了。我开始尖叫，醒来时，浑身颤抖，泪流满面。

在现实中，我的那位朋友根本没有儿子。

那么，我是在为谁的死亡而哭泣呢？也许是我自己的。

8月

第9章 面对终点

　　上午八点，我陪玛丽莲来到诊所进行免疫球蛋白治疗。药物经由静脉被缓慢地滴注到她体内，历时 9 个小时。我一直坐在她身边，全神贯注地观察她，生怕她会对药物产生强烈的反应。我很高兴她看上去挺舒适，没有产生任何负面反应，大部分时间都在睡眠中。

　　回到家后的那个傍晚宛如在天堂。我们一起观看了由保罗·斯科菲尔德（Paul Scofield）主演的一部 BBC 老剧《马丁·瞿述伟》（*Martin Chuzzlewit*）的第一集。我们都热爱狄更斯（尤其是我，她总是把普鲁斯特列为最爱）。多年以来，每当我去美国各地或其他国家演讲时，我总会花一些闲暇时间去逛逛古籍书店，逐渐收藏了大量狄更斯的初版作品。

　　一起看电视的时候，我被剧中令人惊叹的人物阵容迷住了。

要命的是，我不善识别面孔，一下子出现这么多角色，弄得我晕头转向。如果不是玛丽莲不断地告诉我谁是谁，我根本看不下去。关上电视后，玛丽莲到客厅取出了《马丁·瞿述伟》的第一部分。(狄更斯的主要作品都是分20个部分出版的。每个月会刊出一个部分，装满一个巨大的黄色货车车队，送到无数翘首以盼的读者手中。)

玛丽莲一只手捧着书，声情并茂地朗读。我靠在椅背上，握着她的另一只手，一字一句地倾听，心醉神迷——这就是在天堂的模样吧！拥有一位喜爱朗读狄更斯作品的妻子真是莫大的福气，而自我们少年初见时起，她便给我带来了无数如此充满魔力的时刻。

～

然而我知道，这只是面对死亡这个黑暗任务中的短暂喘息。第二天，我继续在《直视骄阳》的书页间寻求帮助。我翻到了自己对伊壁鸠鲁（Epicurus）[⊖]的论述，在缓解死亡焦虑上，他给了像我这样的非宗教信仰者三个清晰有力的论点。第一点是，灵魂终将随着身体一同消亡，我们在死后会失去意识，于是也就无从恐惧。第二点是，既然灵魂会随着死亡

⊖ 伊壁鸠鲁（公元前341年—公元前270年），古希腊哲学家、伊壁鸠鲁学派的创始人。——译者注

而烟消云散，于是我们并没有可以害怕的对象。也就是说："死亡所在之处，我不复存在。为什么要恐惧我们无法感知的东西？"

这两个论点都是显而易见的，也给了我一些安慰，但伊壁鸠鲁的第三个论点总能给我最强烈的启示：一个人死后的"不存在"与其出生前的"不存在"是一模一样的。

几页之后，我翻到了自己所描述的"涟漪"——一个人的言行会对他人产生影响，如同一块石头被投入池塘那样荡起涟漪。这个观念对我也异常重要。当我给予来访者帮助时，我知道他们会以某种方式把我的礼物传递给他人，一圈又一圈地、不断地推出涟漪。自从我六十多年前成为一名心理治疗师以来，涟漪效应便是我工作中天然的一部分。

今天我没有被死亡焦虑过度困扰，我是指对自身死亡的焦虑。我真切的痛苦来自想到我将永远失去玛丽莲。有时候，在某个瞬间，我心头会闪过一丝怨念，因为她享有先于我离世的特权。先走看上去容易多了。

我寸步不离她的身侧。入睡时，我会握着她的手。我无微不至地照顾她。在这最后的几个月里，我几乎每个小时都会离开我的办公室，走过120英尺长的小径，回屋去看她。我很少让自己去思考自身的死亡，但为了写这本书，我让自己自由地想象。当我临近死亡时，玛丽莲已经不在了，没有她相伴左右，没有人握住我的手。当然，我的四个孩子和八个孙辈以及许多朋友都会来陪我，但他们都无力穿透我深邃的孤寂。

玛丽莲去世后，我会失去什么？而什么又会留下呢？我确信，随着玛丽莲的离去，我生命中大部分的过往也会随她而去。每念至此，我就心痛不已。当然，我也独自去过很多地方——演讲、工作坊、许多浮潜和深潜的旅行、随军东行、在印度内观禅修，但对这些经历的很多记忆都已经淡去了。最近我们一起看了一部电影《东京故事》（*Tokyo Story*），玛丽莲提起我们去东京的旅行，在那里我们看到很多电影里出现的建筑和公园，可我一点儿印象都没了。

"记得吗？"她提醒我，"你在黑泽医院（Kurosawa Hospital）做了大约三天的咨询工作，然后我们去了京都。"

哦，哦，现在我慢慢想起来了——我的演讲、一场由医院员工担任病人角色的团体治疗演示、为我们举办的精彩聚会。但是如果没有玛丽莲，我不可能回忆起这些。还活着的时候就丧失了这么多对生命的记忆，真是恐怖！没有她，那些岛屿、海滩、在世界各地的朋友们、我们很多美妙的旅行都将消失，只留下一些斑驳的痕迹。

我继续浏览《直视骄阳》，翻到了一个我已经完全遗忘的部分，是描述我和两位重要导师的最后一面：约翰·怀特霍尔（John Whitehorn）和杰罗姆·弗兰克（Jerome Frank）。两位都是约翰斯·霍普金斯大学的精神病学教授。当我还是斯坦福大学的年轻教师时，一天我接到了约翰·怀特霍尔的女儿打来的电话，感到颇为惊讶。她告诉我，她父亲严重中风，想在去世前再见我一面。我一直都很崇敬约翰·怀特霍尔，他是我的老师，和我也有过专业方面的联系，但我们从未有过个人层面上的交往。他永远严肃而正式，我和他之间的称呼总是"怀特霍尔医生"和"亚隆医生"，我从来没有听到过任何其他教职员工对他直呼其名，即便是其他系的系主任。

为什么是我？为什么他会想见我这样一个从未和他共度过亲密时光的学生？但得知他还记得我，想见我，仍然令我非常感动。几个小时后，我搭上了飞往巴尔的摩的航班，落地后坐上出租车直奔医院。当我进入他的病房时，怀特霍尔博士认出了我，但他显得不安而困惑。他一次又一次地喃喃低语："我怕得要命。"我感到非常无力，多么希望自己能帮到他。我想过要给他一个拥抱，但是没有人拥抱过约翰·怀特霍尔。接着，在我到达病房的 20 分钟后，他失去了意识。我满怀伤感地离开了医院。我想，也许在某种程度上我对他来说意味着什么，也许是替代他那在第二次世界大战中牺牲的儿子。我还记得当他跟我说到儿子死于阿登战役（The Battle of the Bulge）时脸上哀伤的表情，之后他加了一句："那个该死的绞肉机。"

杰罗姆·弗兰克是我在约翰斯·霍普金斯大学就读时的主要导师，我最后一次见他的情形则大不相同。在杰罗姆·弗兰克生命的最后几个月中，他患了严重的痴呆。我去巴尔的摩的一所养老院看望他。他坐在那里，望向窗外。我拉了一把椅子坐在他身边。他是个可爱又善良的人，在他面前，我总是感到很愉悦。我问他现在过得怎么样。"每天都是新的一天，"他答道，"我醒过来，然后唰的一下，"他用手扫过前额，"昨天就消失了。但我坐在这椅子上，看着生命在眼前流过。这没那么糟糕，欧文，这没那么糟糕。"

这深深地触动了我。在很长时间里，相比死亡，我更惧怕痴呆。然而现在，杰罗姆·弗兰克的话"这没那么糟糕，欧文"，让我既惊讶又感动。我的老导师在跟我说："欧文，你，作为你自己，只有这一次生命。'意识'是多么了不起，好好享受它的每分每秒吧，别把自己淹没在对所失去的东西的感伤和遗憾中！"他的话语充满了力量，消减了我对老年痴呆的恐惧。

《直视骄阳》中的另外一段话也对我大有帮助。在一小节中，我谈到纯真热烈的爱恋能让人抛开所有的顾虑。看看一个紧张不安的小孩爬到妈妈的腿上后就能马上平静下来，似乎所有的麻烦都立即蒸发了。我把这个过程描述为"孤独的'我'消融于'我们'"，孤独的痛苦就消失了。读到这里，我恍然大悟。毫无疑问，我与玛丽莲近乎一生的爱恋让我不曾尝过无人相伴所带来的深深孤独，而我现在很大一部分的痛苦来自预想中的孤独。

我想象玛丽莲去世后的生活。我看到自己独自一人在空空的大房子里度过一个又一个夜晚。我拥有很多朋友、孩子、孙辈，甚至一个曾孙辈，还有关心我的友善邻居，但他们都没有玛丽莲的魔力。这么深刻根本的孤独真让我觉得难以承受。杰罗姆·弗兰克的话此时再次给我慰藉："我坐在这椅子上，看着生命在眼前流过。这没那么糟糕，欧文。"

8 月

第 10 章　考虑医生协助

　　我去斯坦福医院进行第三次免疫球蛋白治疗。欧文从上午 11 点到下午 5 点一直陪着我，除了午饭和小憩时走开了一两个小时。他不在的时候，我亲爱的朋友维达过来坐在我身边，陪伴我，照顾我。在我生病的这些日子里，她对我关怀备至，经常带着易于消化的美食来探望我。今天她给我带来了鸡肉、米饭和烧熟的胡萝卜。

　　出乎意料的是，待在医院里的这一天往往是我一周中最舒服的一天，没有出现什么副作用的反应。医务人员总是那么亲切、专业而高效。我躺在一张很舒服的床上，药物缓缓地滴入身体。结束时，我觉得自己得到了充分的休息，精神不错，这很有可能是因为我在静脉注射前服用了类固醇。

　　当我们离开医院时，想到整整 50 年前，我们的宝贝儿子本恩就出生在这家医院的另一头，不禁心生感慨。明天他和妻子艾妮莎将会带着三个孩子过来，与我们一同庆祝他的 50 岁生日，我们已经在书房里为他们备好了床铺。为了不让自己在孙子、孙女们面前看上去像一位将死的老妇人，我会尽力打起精神。

本恩一家和我们共度了周末。周六那天，我们在附近公园里举办了本恩的生日聚会。虽然邀请信一周前才发出去，但大部分朋友都到场了。有些人从小学就认识本恩了，有些是他高中和大学时的朋友，还有些结识于他在内华达山塔旺加营地度过的那些暑假。很开心看到这些"大男孩"——现在都是有妻小的中年人了。他们的孩子有的还在学步，有的已经到了青春期。本恩的人缘一直都很好，我很高兴看到他和朋友们仍然彼此信任和关怀。

当然，我最大的喜悦还是与本恩和艾妮莎的孩子们相聚：六岁的艾德里安、三岁的玛雅和一岁的帕罗玛。小女孩们无比甜美可爱，艾德里安只要没发脾气，就是个万人迷。他长得漂亮极了，这是他的优势，或许也是劣势。他继承了他妈妈的宽距碧眼、一头金发和天使般的面庞。他还非常聪明，伶牙俐齿。不过，当他使性子的时候，就成了公认的小魔鬼。我惊叹于他父母的耐心，以及他们在实践中建立起的信念：随着孩子的成长，这种令人头疼的行为最终会慢慢消失。最好的心理学指导也认同这样的信念。艾德里安和我吻别时对我说："我想，我会在感恩节时再见到你。"在我心底，并不知道感恩节时我会是怎样的状态，不知道感恩节时我还在不在。

或许是在本恩聚会上吃的食物所致，他们离开那天，我的身体又开始难受，恶心和腹泻这熟悉的恶魔又回来了。每到这种时候，我就觉得糟透了，真希望可以平静地离开这人世，不再受苦。我对别人的关心，连同再也见不到爱人的哀伤，在此刻都不重要了。

在止吐药的帮助下，我的身体状况总算得到了控制，但我的恐惧并没有消失，它借着午睡时的可怕梦境表达出来。梦境中，我在和一位同事打电话（这位同事在现实中经历了几次乳腺癌的复发），她和我正在合作一个项目，我试图在电脑中查找与项目相关的文件。我不断点击不同的文件名，但就是找不到任何信息。有一刻，我点击电脑屏幕上的一个图标，文档没有打开，却响起了震耳欲聋的声音，我都听不见在电话那头的声音了。噪声越来越大，根本关不掉，我越来越恐慌。我试图拔掉电脑的电源线，但这不管用。噪声似乎从四面八方传来。我跑遍房子找到每个插座，边跑边喊："帮帮我！帮我拔掉电线！"

我那身为心理治疗师的丈夫没花多久就分析出，在梦里我所表达的愿望：想结束这痛苦的生命。

～

　　欧文再次带我去医院做每周的免疫球蛋白注射。一切都很顺利。由于在治疗前服用了苯海拉明（Benadryl），我能在过程中长长地睡上一觉。当我醒来时，欧文坐在我身旁，问我感觉怎么样。通常我都会说"还行""还好"，以免他为我的痛苦而忧心。不过，想到明天我们将和 M 医生会面，我决定比平时更坦诚一些。

　　"如果你想听真话，那很长时间以来，我觉得我为活着付出了太多的代价。我经历了九个月的化疗，再到现在的免疫球蛋白治疗。这些治疗给身体带来的伤害已经让我不再是从前的自己了。我每天早上醒来以及每次小睡后都不想起床，我还要活多久才能被允许死去？"

　　"但有时候你还是能享受生活的呀，比如我们携手坐在户外，或者晚上一起看电视。"

　　"享受……言过其实了。如果我没有被胃里的毛病搞垮，我会强忍身体的痛苦，为能和你在一起而欢喜。你是我活着的主要原因。你知道，当我刚刚被诊断出多发性骨髓瘤时，医生微笑着告诉我，如果病人对化疗和其他治疗方案反应良好的话，他们可以带病生存好些年。他们没有说我快死了，也没有告诉我，治疗会给我的身体带来如此长久的伤害。渐渐地，我知道我再也回不到从前了——我会每天经受难以言表的痛苦，我的

81

身体会越来越虚弱。如果我能把你放到我的身体里待几分钟，你就会明白的。"

欧文沉默良久，然后他反驳道："你还活着，这难道不就够了吗？你走了，就什么都没有了。我还没准备好让你走。"

"欧文，在过去的这九个月里，我已经接纳死亡了。毕竟，我 87 岁了，已经拥有了一个精彩的人生。如果我只有 40、50 或 60 岁，这会是一个悲剧。然而现在，死亡对我来说是一个不可避免的现实。无论我是三个月或是更长时间以后死去，我想我都能接受。当然，我会为离开心爱的人而哀伤，尤其是你。"

～

欧文作品中提到的两个观念对我如何看待死亡产生了很大影响。一个是有关没有充分活过的生命。我是幸运的，可以死而无憾，因此我能更轻易地面对死亡。当然，能有欧文、我的孩子们、朋友们、斯坦福的医生们，以及能让我在最后的日子里尽可能舒适的物质环境，我心中无比感恩。

另一个总在我脑袋里盘旋的是欧文作品中所提到的尼采的话"死得其时"。这正是我面临的问题。对我来说，怎样才算是死得其时？为了延长生命而继续承受如此巨大的身体痛苦有意义吗？如果 M 医生告诉我们免疫球蛋白疗法对我无效呢？如果她再建议一些别的疗法呢？我会这样回答她：我会让缓和照顾的医生来接手，帮助我尽量没有痛苦地死去。

　　活着还是死去，应该主要由我来决定。我渐渐感觉到"死得其时"不是假想中的几个月或几年以后，而是更早。我甚至开始让自己与物品和人告别。孙女莉莉上次过来时，我把自己的心爱之物送给了她——我还是学生时在巴黎的码头上买的一页中世纪手稿。我送给阿兰娜一件特别的外套，那件衣服她中意了许久，还送给艾妮莎一条银色的项链，上面挂着镶碎钻的心形吊坠，戴在她身上美极了。

　　然而比这更进一步的是，我在尝试与最爱的人分离。最近见到了本恩一家，知道他们都会好好的，我很安心，但我不想对他们或任何家庭成员有过多的牵挂了——欧文是我唯一放不下的人。当然，很多事都取决于 M 医生会怎么说，但我知道，我会请求欧文不要给我太大的压力去认同他的观点：不计一切代价地活着。

9 月

第 11 章　揪心的周四倒计时

　　每个星期三我都会守在医院的病床边，陪伴玛丽莲很久，期望她能承受住静脉输入她体内的药物。她对药物没有即刻的不良反应，这出乎我的意料，也让我松了口气。我们的周三也因而相对平静。每周治疗的流程是这样的：一到注射中心，玛丽莲先去抽血，然后等候一个小时，待化验结果来决定当天的用药剂量；接着她在一个单独的小房间里开始进行静脉注射，很快她便入睡了；我会在她床边坐上四到六个小时，读报、在笔记本电脑上回复邮件、在平板电脑上读小说——我完全沉浸于托马斯·哈代（Thomas Hardy）的《德伯家的苔丝》（*Tess of the d'Urbervilles*），几个小时飞逝而过。

　　这个星期三，我决定在玛丽莲睡着的时候去一下莱恩医学图书馆（Lane Medical Library）。我想看看最近几期的精神病学期刊——说来有点惭愧，我已经很久没这么做了。在斯坦福大学精神病学系担任教职的四十年里，我在莱恩图书馆度过了许多时光。在我美好的记忆中，那里有巨大的阅览室，无数近期的医疗期刊都被陈列在那里，供众多的医学院学生、住院医师和教职员工阅读。

我得知从医院走到图书馆只要十分钟。莱恩图书馆位于斯坦福大学医学院内，和斯坦福医院是连着的。玛丽莲的护士跟我指了一下图书馆的方向，我就溜达着过去了。但医院里的一切都与从前大不相同了，我很快就迷路了。问了好几次路后，遇见了一位戴着正式胸卡的人，他对我这个拄着拐杖、在医院走道里步履蹒跚的老家伙心生同情，亲自把我领到了图书馆。即便如此，我们还必须在每个病区的检查点停下来，向保安出示我的教职卡。

在图书馆出示了我的身份证后，我满心欢喜地期待能回到往日那熟悉的阅览室。然而，我的期待落空了：那里没有阅览室。

我只看到一排又一排的桌子，人们坐在桌子前盯着电脑。我四处寻找图书管理员。曾经这里有很多图书管理员协助到访者，但现在一个都看不到。终于，我瞧见一位一脸严肃、貌似是工作人员的女性，她在一个很远的角落里，弯腰看着电脑。

我走过去问她："您能不能带我去阅览室？我最后一次来这里的时候——没错，是很久以前了，一楼的大部分区域都是阅览室，陈列着很多最近发行的期刊。我想找一些近期的精神病学期刊。"

她疑惑不解地盯着我，好像我是来自另一个世纪的生物（当然，我也确实是）。"我们这里没有纸质的期刊了，现在都是线上的了。"

"您是在告诉我，整个医学图书馆里连一份纸质的近期精神病学期刊都没有？"

她依然满脸严肃和困惑，答道："我可能在楼下见过一份。"然后便迅速把注意力转回到她的电脑上。

我晃悠到楼下，再次见到弓着背、盯着电脑屏幕的人们。不过在房间的后面，我看到了大摞大摞的旧期刊。我找到了放置《美国精神病学协会期刊》（*Journal of the American Psychiatric Association*）的那个区域，但书架之间的走道非常狭窄，根本进不去。过了几分钟，我忽然有了一个"重大发现"：这些书架是可以移动的。我用力把一个书架往后推，直到挪出足够的空间，我可以进入走道去查找。正在这时，耳边响起了说话声以及书架滚动的不祥之声。我回想起来，在进入这个区域时，我看到（但忽略了）一块很大的提示牌：为了你的安全，请锁住滚轮。

我这才恍然大悟，并意识到我可能会被压扁，必须马上离开！我快步从这些书架中逃走，并在另一位医院向导的好心协助下回到玛丽莲身边。我再也不会离她床榻太远了。

～

　　除了治疗所用的药物，玛丽莲每周三还会服用类固醇来帮助她熬过那周的注射，并让她在接下来的 48 小时内舒服一些。但到了周五，她必然就会出现很难受的症状，包括恶心、腹泻、发抖和极度疲惫。这四周的治疗感觉极其漫长，除了玛丽莲以及我们即将与肿瘤科医生的会面外，我无法专注在其他任何事情上，总是感到紧张和抑郁。我始终惊叹于玛丽莲可以如此沉着地应对。她每天的状态都不太一样。有一次，我刚刚买完菜回来，听见她躺在客厅的沙发上叫我。我看得出她在瑟瑟发抖。她向我要保暖的毯子，我马上给她取来。两小时后她缓过来了，就吃了一小顿她惯常的晚餐：鸡汤和苹果汁。

　　随着周四会面时间的临近，我越发记不清 M 医生之前说过些什么。我能想起来的是，至少有三分之一的病人无法承受这个新疗法。那好消息当然是，玛丽莲已经迈过了这个坎儿。我还能想起来的是，剩下的病人中，三分之二会有积极的疗效。那么，对这个疗法没有反应的那三分之一病人呢？医生对此说了些什么？这是否就意味着没有别的治疗选择了？我记得我克制住自己，没有当着玛丽莲的面提出这些问题。

　　到周二傍晚，也就是距离我们与医生的会面还有两天时，我的焦虑愈发强烈。我打电话给女儿伊芙，还有我的同事也是

87

朋友——医学博士大卫·斯皮格尔。上次与 M 医生会面时他俩都在场，我问他们对上次谈话的印象。他们都不认为 M 医生说过，如果这个疗法失败就别无他法。不过他们记得玛丽莲打断了 M 医生，她说自己将不再进行任何其他的治疗，而是要选择缓和照顾。

在如此煎熬的治疗过程中，玛丽莲外表一直沉着，比我冷静得多。她还常常试图缓解我对她患病的担忧，但她再三提到死亡的方式。我想"当还存在有效治疗方法时，你就无法要求医生协助"，但我不想用这个现实去打击她，她自己会明白的。我不断提醒她看到当下还拥有着的宝贵时光，比如有天晚上我们和孙女丽诺尔一起在电视应用软件上搜索一部好看的日本电影，我们都很开心；比如仅仅是我俩十指相扣的珍贵时刻。"想想这些时刻，"我对她说，"想一想我们能够体会到这些珍贵的意识有多么幸运。我享受这当中的每分每秒，你若离去，我们便无法再共度如此美妙的时光。你怎能就这样都撒手不要了呢？"

"你没有真的在听我说什么，"她答道，"我当然知道这些意识的宝贵，但我无法让你对我在这么长时间里体会到的痛苦感同身受，你从来没有经历过这些。如果不是为了你，我早就会想办法结束这一切了。"

我仔细地聆听。她是对的吗？

我回想自己曾经历过的身体痛苦。最糟的一次是几十年前，我们在巴哈马旅行时，我得了某种热带感染病，这让我病倒了几个月。我去看了最好的热带医疗专家，但无济于事。我时常眩晕、恶心，卧床了几个星期。终于，在生病六个月后，我加入了一家健身馆，找了一名健身教练，强行让自己慢慢康复过来。但我跟玛丽莲说，在那整个过程中，我从来没想过要自杀。我坚信病会好起来，我觉得生命太宝贵了。之后数年，我都被阵发性位置性眩晕所折磨，那种感觉糟透了，但我挺过来了，现在我已经好多年没有眩晕了。不过，把我的疾病和她的做比较是很愚蠢的。玛丽莲可能是对的，也许我低估了她痛苦的程度。我必须努力从她的视角去体会。

～

周四终于来临了，这一天我们会和 M 医生见面，很快就能知道免疫球蛋白疗法对玛丽莲是否有效了。因为我已经不相信自己能听得准确了，就叫上了好友大卫·斯皮格尔和他的妻子海伦·布劳（Helen Blau）一同前往。这个会面很令人失望，因为一部分必要的化验还没有完成。有两个化验指标会显示玛丽莲的治疗反应，一个指标的结果稍偏积极，另一个化验还没做。

我向 M 医生提出了几个问题，我对她说，我一直在非常紧张地期待这次会面，希望今天能知道免疫球蛋白疗法对玛丽莲是否有效，我这样的期待是对的吗？

M 医生说我的期待没错，没有做另一个化验是她的失职，她会立即去办。谈话结束后，我们要直接去化验室抽血，M 医生保证，明天会给玛丽莲打电话告知她化验结果。

"今天的最后一个问题，"我说，"如果这个免疫球蛋白疗法无效，还有别的办法吗？"

"还有几个可选的方案。"M 医生答道。

我看向玛丽莲，注意到她在摇头，虽然这个动作很轻微，但我收到了她的信号：别想了，我已经受够了，我不会再接受进一步的治疗了。

在会面结束前的几分钟，玛丽莲说到她为什么不惧怕死亡。她引用了《直视骄阳》中的句子，包括尼采的"死得其时"；她说她的生命已经了无遗憾了。在聆听这些时，我感到非常骄傲，为她而骄傲，为她清晰的表达和优雅的举止而骄傲。我能有玛丽莲作为终身伴侣，幸甚至哉！M 医生也被她的话深深打动，在谈话结束时，她给了玛丽莲一个拥抱，并告诉她，她是多么令人爱戴。

～

在过去的几个星期里，我注意到自己做了很多梦，但很奇怪，我一个都不记得了。不过在这次会面后的晚上，我睡得很不安稳，并能清楚地回想起一个悠长噩梦中的片段：我提着一个大大的行李箱，试图在一条荒无人烟的路上搭顺风车。在这之前发生了一件不愉快的事，但我想不起来了。一辆车在路边停下，一个男人招手把我叫过去，想跟我说搭车的事。他长得凶神恶煞，我内心开始防备，并悄悄用手机拍下了他的车牌，还通过邮件发给了一个熟人。我拒绝上他的车。我们静静地站在那里许久，直到他最终开走。我记得最后一幅画面是：一片漆黑中，我独自伫立于路旁，没有车经过，我不知道该何去何从。

我越努力分析这个梦，就越抓不住这个梦，但梦的主线非常清晰：我孤身一人，无家可归，满心恐惧，在生命中迷失了方向，等待终点。我在心里向造梦者致敬。

第二天，也就是周五，我们没有得到化验结果，这就意味着需要等到下周一。我的心神不宁令玛丽莲也感到烦躁。她说，M医生承诺过，化验结果一出来就会打电话通知我们。我去和朋友大卫·斯皮格尔确认，他的印象和玛丽莲的一致。我对自己聆听和回忆的能力已经失去信心了。

我越来越急不可耐，以至于瞒着玛丽莲，用我斯坦福的教职账号到电脑上去自己查询化验结果了。化验报告的复杂度令人生畏，不过化验结果看上去并没有显示她的病情有明显变化。绝望之下，我没有把这告诉玛丽莲。那天晚上我又没有睡好。第二天一早，玛丽莲收到M医生发来的邮件告诉她，化验结果是谨慎乐观的。她附上了一个截屏，上面显示，一些负面指标在过去几周降低了很多。

误读了化验报告再次提醒我，我的医学博士学位已经过时了：我徒有一个医学博士的头衔，但已经完全没有能力理解当代医疗或化验结果了。我再也不会认为自己很在行了。

9 月

第 12 章　完全的意料之外

　　朋友艾弗瑞刚从哥本哈根回来，我一直在期待她的到访。艾弗瑞要给我带些丹麦特产的巧克力。我主持了多年的女性作家文学沙龙，艾弗瑞是我在沙龙上认识的，她是在学年中以及暑假期间都会来的沙龙成员，暑期的沙龙还会邀请作家的伴侣一起参加。

　　艾弗瑞为我和欧文打开她带来的榛子巧克力，唇齿与之相遇的感受真是无比美妙。能再次见到她让我特别开心。我们刚认识时，她正怀着第一个孩子，现在孩子已经 9 岁了。艾弗瑞经营着一家小型出版社，会根据客户的需求出版纸质和电子书。她再版了我的一本已经脱销的书——有关女性对法国大革命的回忆录，名为《被迫见证》（*Compelled to Witness*）。现在这本书在高中历史课堂里焕发了新生，甚至还为我带来了一些版税！

艾弗瑞跟我聊了一些她的新项目，这些项目能为她的出版事业提供资金支持。正在这时，门铃响了，还没人赶去应答，门就已经开了，一张张熟悉的面孔出现了，直到以前沙龙的20位成员挤满了客厅！我张大了嘴——惊喜之极！艾弗瑞是怎样瞒着我安排了这一切？

后来我才知道，自从我因为健康原因而不得不停掉沙龙后，她就开始筹划这次聚会，已经好几个月了。这次聚会意在象征性地替代每年夏末我在帕洛阿尔托家中举办的沙龙，但这还不是她所做的全部。

艾弗瑞递给我一本设计精美的书，书名为《致玛丽莲的信》（ *Letters to Marilyn* ）。显然，为了制作这本书并召集这些沙龙成员，她付出了大量的心血。在书中有30封来自沙龙成员的信，其中有些人今天无法到场。我随意翻开一页，立刻就被深深触动了——这些女性都认为我对她们的生命产生了举足轻重的影响。有一封信是这样开头的："你可能不知道，自从我们相遇后，你对我有多么重要！"另一封是这样的："你为我打开了何其丰富的世界啊！"还有一封是："能认识你，我感到特别荣幸！"

该如何坦诚而又得体地回应这些告白呢？我不知所措。对于泉涌般的赞誉，我万分感恩，但在内心深处又觉得受之有愧。在过去的几个月里，已经有那么多人通过书信、鲜花和美食向我表达赞美和关怀，但这个团体尤其特别——这是一群和我在生命中同行了半个多世纪的作家、教授、独立学者、摄影师和电影制作者。斯蒂娜·卡查杜里安（Stina Katchadourian）和我从 1966 年就认识了，她的信是这样开头的："朋友、知己、导师、智慧的女性、笔耕不辍、始终都在、有如磐石、情同亲人、姐妹。"这封信，连同其他那么多封信都令我热泪盈眶。我会留着所有这些反复回味的。

《致玛丽莲的信》是"限量独版"，由艾弗瑞·麦迪森（Ivory Madison）编辑，艾什莉·英格拉姆（Ashley Ingram）设计。封面是一张我 35 年前的照片，照片中的我坐在书桌前。私以为这世上再没有一本限量版比这本书更精美了，而对于一个接近人生终点的人来说，也再没有一本书比这本更有意义了。

一个小时飞逝而过，我和每个人都单独聊了聊。斯坦福法学教授芭芭拉·巴布科克（Barbara Babcock）因乳腺癌正在进行化疗，能和她坐在一起聊天，意义不同寻常。她是我最早的勇者榜样之一。在我还远没有被诊断出多发性骨髓瘤之前，我们常在餐馆定期会面。她生病以后，就改为在她家见面。但自从我开始接受治疗，我俩就再也没见过了。这次我们交流了患病的痛苦感受，也谈到丈夫给予的爱和支持。

我也特别开心能见到迈拉·斯特罗伯（Myra Strober）。1976 年，她聘用我到曾经的"女性研究中心"（Center for Research on Women）当高级研究员和主管，那时起我们就成了亲密的朋友和同事。如果没有迈拉，我的后半生可能会截然不同。几周前她刚刚做了髋关节手术，先生又患有严重的帕金森病，她今天能来让我尤为感恩。

芭芭拉和迈拉这两位女性成就斐然，她们分别是 1972 年斯坦福大学法学院（芭芭拉）和斯坦福大学商学院（迈拉）聘用的首位女性。在漫长的职业生涯中，她们指导了许多女性，并都撰写了有关她们人生和职业经历的自传。

在这些熟人中还有梅格·克莱顿（Meg Clayton）。我让她跟大家说说她新创作的历史小说《开往伦敦的末班列车》（*The Last Train to London*）。这部小说会以英语出版，同时已经得到了 19 种语言的翻译出版合同！我很荣幸地见证了梅格在过去几年蜕变成一名真正了不起的作家。在写给我的信中，梅格引用了简·凯尼恩（Jane Kenyon）所写的《让夜幕降临》（"Let Evening Come"）中的诗句。几年前，就在此刻我们坐着的这间客厅里，已故的约翰·费尔斯坦纳（John Felstiner）曾大声朗读过这首诗。这首诗是如此契合我当前的生命状态。我在此摘录了一个片段：

让狐狸回到它的沙穴

让风渐渐平歇

让小木屋里暗下来。

让夜幕降临

沟渠里的瓶子，燕麦粥里的勺子，肺里的空气

让夜幕降临

它终将降临，不要害怕

上帝不会让我们无以慰藉，所以让夜幕降临

当大家都离去后，我坐在那里，久久地回味着朋友们今天倾注在我身上的爱。我真的有朋友们所说的那样慷慨善良吗？如果是真的，那一定是从母亲身上继承来的品质。母亲是我见过的最体贴善良的人，对所有人皆是如此。即使80多岁了，她去商店前还会敲敲邻居们的门，问是否需要帮他们带点什么回来。后来，为了让她离我们近些，我们把她送到位于帕洛阿尔托的养老院，她就总会留着些糖果、甜点给看望她的孙辈们。在她的养育下，我天然地善于交际，并成为一个"给予者而非索取者"。我母亲教我凡事都要先反躬自问，自己的言行会给他人带来怎样的感受。当然，我并没有总是照她说的做。有些时候，我还是会考虑不周，甚至有意地自私而伤害到别人。幸运的是，今天我的朋友们只看到了我比较好的一面。

然而，总有些比较暗淡的想法不断闯入此刻积极乐观的画面：大家对我如此赞美在很大程度上一定是因为我生病了，将不久于人世。也许这是我最后一次见到这么多人。他们会不会是来跟我做"最后的告别"？但即便如此，我也欣然接受。这是美好的一天，是我会在余生中永远珍藏的一天，无论我的余生还有多长或多短。

10 月

第 13 章　如今，你已然知道

上次会面时，M 医生告诉我们一些实验室的检查结果，显示玛丽莲的情况终于有所改善，打那之后我们的生活经历了一个很大的转变：玛丽莲重新回到了我身边。她不会在近期死去了——今天，我甚至怀疑她有可能会活得比我长。我又一次要回了我的老玛丽莲，我们度过了一段美好的日子。

跟往常一样，每个星期三，当她去医院接受化疗时，我就在医院里陪她几个小时。在接下来的一两天里，她变得更为活泼，更像她自己了。通常，她在星期四都会感觉良好，但这个星期却不太一样：她特别风趣，是我认识的那个生病前的玛丽莲，是我久违了的玛丽莲。

星期五，也就是化疗两天后，她仍然感觉良好，可以去餐馆晚餐。这也许是她几个月前生病以来我们仅有的第三次外出就餐。我们选择了一家平日信赖的餐馆，名为富贵寿司（Fuki Sushi），这家店离我们家只有几个街区。那里有可靠的菜品，比如杂炊和味噌汤，玛丽莲很容易消化。在过去50年里，我们在那里吃过大约500次。有一年，他们赠送给我们一套牛排刀，因为我们是他们最忠实的顾客。

第二天早晨，也就是星期六，玛丽莲醒来时脸上挂着灿烂的笑容。"我做了一个生动的梦——它也许是几个月或几年来最有趣的梦。"

乱伦、时间旅行、荒诞幽默、人生各个阶段、对抗衰老——梦里应有尽有！

那一天晚些时候，玛丽莲告诉我，她认为这个梦是由我们交谈时看到本恩和我坐在床上所触发的。她在梦里看到了本恩脸上的笑容。自然地，我们转向弗洛伊德对母子乱伦的俄狄浦斯情结解释，玛丽莲以她妈妈的形象出现在梦里。至于年长的情人，可能是我，虽然我还没老到在床上失禁。

玛丽莲一整天都精神抖擞，我发觉自己的心境也随之改变：我的玛丽莲又回来了！但是，唉，好景不长，到了第二天下午，她又感到恶心和疲惫，以至于几乎无法从沙发上起身。前一天她的突然好转令人无法理解，而我再次感到无助。我告诉她，而且是认真地，我真希望自己能替她生病，替她去承受恶心和疲惫。

这些巨大的波动持续着。第二天，她再次感觉好些了，总的来说，她似乎在好转。玛丽莲的病让别的一切都显得黯然失色，可以放下。不过现在我有时间思考自己的人生了。我的同龄人很少——我最亲密和最老的朋友、熟人都已经过世了。除了玛丽莲之外，只剩下过往岁月一路走来的两位老伙伴还健在。

堂弟杰伊，比我小三岁，打他出生我就认识他了。他生活在华盛顿特区，我们每个星期至少会通四五次电话。然而我们两个都不方便长途旅行，所以，想见到他真人是不太可能了。每个星期，我还会跟索尔·斯皮罗（Sual Spiro）通话，他和我曾在约翰斯·霍普金斯大学做住院医生。他住在华盛顿州，但体弱多病，也不能旅行。就在昨天，我在《斯坦福报告》中读到斯坦利·施里尔（Stanley Schrier）去世了的消息，他是斯坦福血液科的教授。很久以来，我们既是朋友还是邻居，也是他把我们转诊给 M 医生的。在讣告中我得知他享年 90 岁，比我大两岁。再过两年——这似乎刚刚好：我可能会再活两年，但是，如果玛丽莲不在了，我可不想活那么久。

如今我是一个退了休的人，已然放下我所热爱的工作，但我非常怀念那些治疗实践。我作为治疗师退休才几个月，每周仍然会看三四个患者，为他们提供一次性的咨询，但我作为治疗师的职业生涯已经结束，我为此感到忧伤。我想念治疗过程中深深的亲密感。现在除了玛丽莲，没有人邀请我进入他们最幽深、最黑暗的内在世界了。

当我琢磨着如何最贴切地描述这份深沉的失落感时，一个病人的脸庞浮现在我脑海中。想到这个特定的人是多么奇怪：我只见过她一次，还是在许多年前。但就在几个星期前，当我浏览一些未发表的旧作时，我偶然读到这篇关于她的故事。

在我 65 岁生日那天，菲利斯——一位忧郁又有气质的老年妇人踏进了我的办公室。她显得颇不自在，如一只鸟儿栖息在椅子边上，好像随时准备振翅而飞。

"欢迎你，菲利斯。我是欧文·D.亚隆，从你的电子邮件中我了解到你的睡眠很差，而且时常感到焦虑。我们就从这里谈起，请多谈谈，好吗？"

但菲利斯太过紧张，很难直接切入正题。"请给我一点时间——我不经常谈论自己，那个被藏起来的自己。"她扫视了一眼我的办公室，视线仿佛落在墙上的一张照片上，那是纽约扬基棒球队了不起的棒球运动员乔·迪马吉奥（Joe DiMaggio）的亲笔签名照。

"他是我孩童时代的偶像之一。"我解释道。

菲利斯突然露出灿烂的笑容。"乔·迪马吉奥，我知道他，我是说，我还挺了解他的。我在旧金山北滩长大，离他住的地方不远，离他和玛丽莲·梦露结婚的教堂只有几个街区。"

"是的，我也在北滩待过很长时间，常常在迪马吉奥的餐厅吃午饭——我想那是他兄弟多米尼克（Dominic）的餐馆。今天它变成了名为'原汁原味的乔'餐馆了。你见过他打球吗？"

"只在电视上见过。我喜欢看他跑垒，多么有风度。有几次我看到他在滨海地区散步。那就是他现在住的地方。"

留意到她渐渐放松地坐回到椅子里，我想是时候进入正题了。"那么请和我谈谈你自己吧，菲利斯，告诉我是什么让你今天来见我的。"

"好吧，我83岁了，几乎一生都做着护理麻醉师的工作，几年前退休了，一个人住。从未结婚。非常孤独，我估计你会这么想。没有家人，只有一个远方的同父异母兄弟，我经常失眠和焦虑。"她对我报以微笑，嘴唇微微颤动，仿佛让我聆听她的这番话，她有些过意不去。

"菲利斯，我看出来了，让你公然谈论自己并不容易。我猜这是你第一次和治疗师交谈？"

她点点头。

"那请告诉我，为什么是今天？是什么帮助你做出今天给我打电话的决定？"

"并没有什么特别的事件。只是一切都每况愈下，让我特别容易失眠，感到寂寞。"

"那为什么找的是我？"

"我读了很多你的书。就是觉得我可以信任你。最近读了《诊疗椅上的谎言》（*Lying on the Couch*）。你看起来随和、善良，咨询的过程不会让人感到拘谨。最重要的是，我认为你不会评判人。"

显然，她正在处理很多内疚。我让声音保持柔和："你说得对，我不喜欢评判别人。我支持你，我是来帮你的。"

菲利斯进入正题，开始讲述自己充满创伤的青春。她的父亲在她三岁时就失踪了，从此杳无音信，母亲对父亲只字未曾提及。她讲述道，母亲是一个恶毒、冷漠又自恋的女人，常带很多男人回家，当其中有一个试图侵犯菲利斯时，她从家里逃了出来，那年她才15岁。她沦落去卖淫，日后和许多男人一起生活过。然后，她奇迹般地设法让自己完成了高中、大学和护理学校的学业。在她后来的整个成年生活里，她都是一个护理麻醉师。

她坐回椅子上，做了几次深呼吸，然后接着说："所以，简而言之，这就是我的生活。接下来的这些便有些难以启齿了。几年前，我姐姐联络我，说母亲肺癌晚期，现在在临终关怀病房里吸着氧气，处在昏迷中。'她快死了，'我记得我姐姐说，'我陪了她三个晚上，疲惫得几近崩溃。拜托，菲利斯，今晚你能来陪她吗？她没有意识——你不需要和她讲话。'"

"我答应了——我和我姐姐几年前恢复了联系，每隔一两个月还会一起吃顿午餐。我答应了她的请求，但我这样做是为了我姐姐，而不是为了我母亲。如我跟你说的那样，我已经有几十年没和母亲见过面了。我一点也不在乎她，那天晚上我答应去陪她，只是想让我姐姐休息一下。大约凌晨3点，我记得很清晰，仿佛就在昨天，我母亲的呼吸开始变得不规则且费力，嘴唇上形成了肺水肿引发的泡沫。这样的情形我在太多病人身上见过，知道她只剩一口气了，并且确定她随时就会断气。"

菲利斯低着头。停了几秒钟，然后抬眼看着我，低语道："我需要找个人说出来——我可以信任你吗？"

我点了点头。

"我把氧气关了……在她咽下最后一口气之前，关掉了氧气。"

我们默然无语，坐了一会儿。然后她说："这样做究竟是怜悯还是为了报复？我不停地问自己。"

"或者两者都有那么一点，"我说，"也许是时候把这个问题放下了。这些年来，你把这一切都憋在心里，实在是一份煎熬。现在终于说出来了，你感觉怎么样？"

"要去谈论这件事，太可怕了。"

"试着和它待一会儿。我很感谢你的信任，把这个烫手的秘密与我分享。有什么可以帮助到你的吗？有没有你想问我什么，我可以说些什么让你稍许释怀或我可以以某种方式帮到你？"

"我需要你告诉我，我不是一个杀人犯。我陪伴过很多病人度过他们生命的最后时刻。她只剩下一口气了，最多还有两口。"

"让我来告诉你我在想什么……"

菲利斯目光灼灼地望向我，仿佛她的生命有赖于我要说的话语。

"我在想着那个小女孩，那个无助的、受虐待的、柔弱的女孩子，那个任由命运和他人摆布的女孩子。你成为目睹母亲最后时刻的人，这真是个悲剧，在那个时刻里，你重新拿回自己的力量，完全可以理解。"虽然一个小时的咨询还剩下二十分钟。菲利斯拿起她的东西，把支票放在桌上，唇语道"谢谢你"便离开了。我再也没有见过她或有过她的消息。

～

多年前的这次邂逅，表达的便是我将用余生去怀念的那些感觉：一种投入感，全然被信任，与他人分享至暗时刻。最为重要的，是有机会给予他人那么多的帮助。那是我很多年来的生活方式。我很珍视它，并会想念它。那样的生活与我如今需要一个照护者来帮助的、被动的生活形成了鲜明的对照——我所担心的这种生活似乎已经离我不远了。

玛丽莲问我为什么选择了这个故事，而不是我厚厚的记录中别的什么故事。我还是那个答案——它代表我再也无法拥有的那份与病人之间的亲密遇见。她却说是因为与生命的终结有关，那个关掉氧气的时刻。她可能是对的。

10 月

第 14 章　死　　刑

　　昨天，M 医生打电话来，告诉我没有必要再进行免疫球蛋白的治疗了。最近的实验室结果显示它并没有起效。很奇怪地，我感到颇为释然。今后再也不用经受从年初至今各种药物治疗的毒副作用了。这个星期的情况比往常更为严峻，我不停地问自己："为了延长生命而付出这样的代价是否值得？"

　　当然，如果任由病情自然发展，我不知道还有什么痛苦在等着我。负责缓和照顾的医生向我保证，他们会尽他们所能地来帮助我减轻痛苦，但我甚至不愿开始想象那会是什么滋味。此刻，想想死亡就已经足够了。

　　在 87 岁时离世算不上是悲剧，尤其当我想到那些更年轻便死去的人。这个星期，记者可基·罗伯茨（Cokie Roberts）去世了，享年 75 岁。作为韦尔斯利学院杰出校友奖的共同获得者，我觉得与她之间有着一份特别的亲近。我的画像和她的画像就挂在韦尔斯利学院高大宽敞的大厅里，那里还挂着其他更加著名的校友诸如希拉里·克林顿（Hillary Clinton）、玛德琳·奥尔布莱特（Madeleine Albright）等的画像。每想到我是促进两代女权运动发展的一员，就感到非常骄傲，那是我的时代。我死后未来会发生什么，已经不在我的掌控中了。

我猜我对死亡的思考持续得如此之久，以至于在它来临的时候已经不再让我惊讶了。到现在为止，我的孩子们都已知晓，而他们的爱支撑着我。儿子里德和他的妻子洛瑞丹娜会在周末过来照顾我们，为我准备足量的鸡汤和苹果汁。伊芙从伯克利赶来，帮助我们消化坏消息。维克多明晚则会和我们一起度过，本恩会在本周晚些时候过来。

如果可以的话，我会与欧文和伊芙一起去旧金山看本恩的新作——《好人狄俄尼索斯》（*Dionysus Was Such a Nice Man*）。本恩已经设法让他的剧组一起进入第二十一季。《旧金山纪事报》给了它很高的赞誉，我真为他感到高兴。我真的想去看他的剧，但要视我的体力和状况而定。这是我的新准则：把你自己以及你的日常所需放在第一位，以此为重，是时候让世界的其他部分自己关照自己了。

当然，我担心欧文。几个月来他一直在照顾我，我担心他会把自己累坏了。我的健康问题加上他自己的健康问题，他需要所有可能的帮助。我们的朋友玛丽，在她丈夫去世前照顾了他三年，曾经跟我说起过照护者的不易。她加入了一个有着相似问题的照护者的团体，她们一起分享彼此的负担，甚至在她丈夫去世两年后的今天，她依然与这些女性定期会面。

欧文是不太可能去使用这样一个支持系统的，更何况事实是，以玛丽的例子来说，所有的照护者都是女性。多年来，欧文每周都与一群精神科医生会面，讨论他们的个人问题，我相信这对他很有帮助。虽然他在理性层面知道我将不久于人世了，但他仍然保持某种形式的否认。当我严重怀疑自己是否能活到圣诞节时，他用难以置信的眼神望着我——这还用问吗？我还要一如既往地主持家庭聚会呢！我不知道是谈论我时日无多的事实好呢，还是由着他继续拒绝接受，自欺欺人。

～

死亡这个想法并没有吓着我。除了"复归于宇宙"之外，我不相信还有来世，我能接受死后便将不复存在的观念。我的身体最终会分解，化为尘埃。20多年前母亲去世后，她就被安放在离我家不远的阿尔塔梅萨墓园。那个时候，我们在她附近为自己也购置了两个墓穴。由于常去墓园，我和儿子里德开始构思《美国人的安息之地》这本书，并开启了有关土葬和火葬的新视角。

如今在美国，比起传统的土葬，火葬更为普遍，生态问题得到越来越多的关注。譬如，在华盛顿州有一种埋葬方式可以让人的尸体转化为堆肥。

在加州，一家初创公司正在收购森林，并允许个人埋在树下，成为某棵树的肥料。我喜欢的则是被安放在简朴的棺木中，葬在离家步行就可以到的地方，就在我们四个孩子就读的高中对面。将来，如果他们来为我扫墓，还会唤起满满的童年记忆。

当感到生命即将落幕时，我该如何与朋友们道别呢？在我生病期间，他们那么关心我，我不想就此别过，我要让他们知道他们对我有多么重要。电话道别会过于耗费精力，写一封信感觉更实在，但我会有时间和体力给每个人写信吗？依拉娜·哉曼（Elana Zaiman）在《永远的信》（*The Forever Letter*）中写到：在犹太人特定的传统中，一个人会给所爱的人写最后一封信，表达对那个人的感情，传递自己最想表达的智慧，哪怕不多。然而，我在这一生中所获得的任何智慧，都难以用一封短信来表达。我希望我至少能够按我所期待的那样死去，尽量给他人和我自己带来少一点的痛苦。

我与朋友们一起喝下午茶，并用这样的方式与他们道别。我已经这样开始见了几位亲密好友了。在未来几个星期里，我会安排和其他几位朋友说再见。我希望能够有时间跟那些让我的生活变得充实、在我最艰难的几个月里持续支持我的朋友，一一当面道别。

我意识到如果我想去做任何事，我都想尽快地去做，这很奇怪。我想到应该为每个孩子准备一个盒子，里面放一些在将来他们以及他们的子孙可能会感兴趣的东西。我想象着这个盒子会被尘封在某个阁楼上，当欧文和我成为家谱上的一个名字时，由某个遥远的后世子孙翻出来。他会怎么看被标为"欧文高中互助会别针，1948年送给玛丽莲"的物件？他看到在我们结婚50周年纪念日拍摄的相册时，会开心吗？我是否应该把在1997年出版的《乳房的历史》一书的书评剪贴集放在里面？

虽然我不愿这样想，但意识到伴随了我一生的书、文章和物品对我的子孙后代而言，并没有什么意义。事实上，它们可能成为他们的累赘。我知道，我尽可能地扔掉这些"东西"对他们只会是好事。

～

我和欧文最后一次见M医生的时候，我向她提了两个问题：我还可以活多久，以及我们如何着手临终问题。她对第一个问题的回应是：当然这个问题任谁也无法确定，但我猜想会在两个月左右。

这令人震惊。我本来期待着还有更多时间。这几乎无法再次见到我所有的亲密朋友，也难以实现为每个孩子准备一个装着有意义物品的盒子的想法。

所幸的是，我们已经安排好在两周内，为所有孩子和孙辈举行"庆祝活动"。最初的缘由是维克多的六十大寿，还有另外三位在十月过生日的家庭成员——儿子们的三位妻子，玛瑞－海伦，艾妮莎和洛瑞丹娜。现在，我给这次活动起了个名字"四个生日和一个葬礼"，效仿了一部电影名，不失我的幽默感。

至于临终问题，这需要两名医生的签字，标准是病人接近死亡，看不到治愈的可能。我相信血液科 M 医生和缓和照顾科的 S 医生将在我生命的最后几周签字。我很惊讶地发现，死亡需要吞咽大量的药丸，而不是靠注射或是服用一粒药丸。

嗯，到目前为止，我比较平静。在经历了十个月的煎熬之后，知道我的痛苦即将结束，真的是种解脱。奇怪的是，我觉得至此，一生中犯下的任何罪过或错误悉数"得以偿还"。宗教观念中那些死后才有的审判、惩罚或奖励，已经在我现实这一生得以兑现：在死前，我已经饱尝身体之苦。在我最后一次亲吻欧文之前，谁知道还有什么在等着我呢？

10 月

第 15 章　向化疗道别，以及保持希望

　　我有点害怕与 M 医生深入探讨终止治疗的会面。M 医生在约见时间准时出现，她既专业又充满善意，回答了我们所有的问题。我问她，为什么玛丽莲对治疗没有反应，而我们听说，也认识很多有多发性骨髓瘤的人活了好多年。她带着忧伤的神情回应道，医学无法回答为什么有些患有这种疾病的病人治疗无效，也无法回答为什么像玛丽莲这样的一些人会经历如此有毒的副作用，令治疗变得不可能。

　　然后玛丽莲，她从不畏缩，打断对话直截了当地问道："我有多少时间？你认为我会活多久？"

　　我感到震惊，若我处在 M 医生的位置上，会有些尴尬。然而她并没有回避，也直接地回答道：没有人能确切地回答，但我估计可能在一到两个月的时间里。

我倒吸了一口气。我们俩都曾希望并预计还能有三到六个月的时间。焦虑是如何奇怪地扰乱感知的呢？我是如此震惊，以至于头脑开始换挡了，我开始猜测 M 医生参与这种讨论的频率。我看着她：一个有魅力的、说话柔和、富有同情心的人。我希望有人可以听她倾诉每天里她所必须经历的压力。我惊叹于我的头脑出于自我保护所做的敏捷切换：刚听到"一到两个月"这些话语，我就突然把注意力转移到了别处，开始思考 M 医生的日常经历。我的头脑从一个地方旋转到另一个地方：我实在不忍心听到我的玛丽莲可能活不到一个月了。

玛丽莲真是了不起，一如往常的泰然自若，她想问 M 医生是否同意成为签署批准书所需的两名医生之一。我进入一种震惊的状态，无法连贯地思考。得知她会因吞咽许多药片而死，我陷入痛苦。我一直以为是通过静脉注射。虽然我可以把几片药扔进嘴里，很容易吞下，但玛丽莲一次只能费劲地、慢慢地吞下一粒药丸。那个时刻来临时会发生什么？我想我可以用一个臼和杵子把药丸磨成粉，做成粉末乳液。然后我开始想象她把乳液举到唇边，但这对我来说是太沉重了，那个图像变得模糊了。

我开始哭泣。我想到我是如何一直照顾着玛丽莲的——74年前，我第一次遇见她时，她不到 5 英尺高，体重只有 100 磅[一]。

我突然想象着我递给她致命的药片，看到她一颗接一颗地吃着药片的场景。我把这个可怕的场景从我的脑海中摒除，取而代之的是玛丽莲在位于麦克法兰（McFarland）的我们的初中和位于罗斯福（Roosevelt）的高中，发表毕业演讲的情景。我比她高大强壮，了解科学的世界，总是试图照顾玛丽莲，总是试图保护她的安全。然而，现在，当我想象拿着那些致命的药片，并把它们一颗接着一颗地递给她时，我不寒而栗。

第二天早上，我在 5 点醒来，脑海中闪现了一些洞见。"你没有意识到，"我对自己说，"死亡不是一桩未来之事——玛丽莲已是垂死之人。她吃得很少，极度疲劳。我甚至不能让她步行五分钟到我们车道尽头的邮箱。她此刻正在死亡——这不是什么将会发生的事，它正在发生，而我们身处其中。有时我想象自己和她一起吃药，一起死去。我想象我的治疗师朋友们讨论着他们是否应该把我接收到精神病院住院部，因为我有自杀的风险。

11 月

第 16 章　从缓和照顾到临终关怀

当 M 医生不再能提供更多给到玛丽莲时，她把玛丽莲转诊到了临终关怀部门。这是一个医学分支，专注于减轻疼痛并使患者尽可能感到舒适。玛丽莲和我在女儿伊芙的陪同下，与缓和照顾的主管 S 医生进行了长时间的会谈，她是一位热情而亲切的女士。她采集了完整的病史，进行了身体检查，并为玛丽莲对症开了药——为她持续的恶心、令人不安的皮肤病变和极度疲劳。

玛丽莲耐心地回答了 S 医生所有的询问，但很快她就转向了她心里最重要的话题。S 医生温和婉转地回答了玛丽莲的所有问题，但她明确表示不赞成走这一步。她强调，她的工作是确保病人免受痛苦，并让他们舒适和无痛地死于他们的疾病。

此外，S医生告诉我们，这样的方式操作起来步骤繁复，需要大量的行政文书工作。她告诉我们，死亡的方式是摄入致命的药片，且要求病人必须自己服药：医生不允许帮助病人服下这些药片。我说，玛丽莲在吞咽药片方面有相当大的问题，S医生提到，有可能把药片磨成粉末，与饮料混合。她承认她几乎没有经验，只参与过一次类似情况。

然而，玛丽莲坚持，问S医生是否会同意成为签署批准书的两位必需医生之一。S医生深吸一口气，犹豫片刻，然后同意了，但她重申希望不会走到这一步。然后，她提出了将玛丽莲转到临终关怀部门的问题。她解释说，临终关怀人员会进行定期家访，确保玛丽莲没有疼痛，尽可能舒适。她将联系附近的两所疗养院，每家疗养院都会派工作人员登门拜访，详细解释其临终关怀的服务内容，届时我们可以选择其中的一家。

两位前来拜访的临终关怀代表都非常专业，也很亲切。如何在他们之间做出选择呢？最近，玛丽莲得知一位密友的丈夫得到了"传教临终关怀部门"的精心护理，所以后来，我们就选择了这家。不久之后，临终关怀护士和社会工作者拜访了我们。两天后，临终关怀的P医生拜访了我们。他和我们在一起相处了一个半小时，给我们留下了深刻的印象，我们也从他那里得到很多安慰。我认为他是我见过的最关切、最有同理心的医生之一，我默默地期待他能在我去世的时候照顾我。

在我们与P医生讨论大约十五分钟后，玛丽莲便忍不住再次提到死亡这个问题。P医生的回答与我们前面遇到的截然不同：他非常赞同这个想法，尽管他更喜欢"医生参与的死亡"这个词。他向玛丽莲保证，在适当的时候，他会亲自安顿她死去。他向她保证，如果她做出这样的选择，他会留在她身边，并把药片准备成药液的样子，她可以通过吸管喝，很容易吞咽。他告诉我们，他参与过一百多例这样的死亡，当病人备受煎熬却没有希望恢复时，他完全赞同选择这条路。

这些话对玛丽莲，对我们俩，都有很强的安抚作用——然而，与此同时，这些话也让玛丽莲的死变得更加真实。玛丽莲很快就要死了。玛丽莲很快就要死了。玛丽莲很快就要死了。这个想法对我来说太强烈了，我努力想把它从脑海中抹去。我只想拒绝，我不想也不愿直视这些想法。

～

几天后，我们的两个孩子来过夜，最大的孩子——女儿伊芙，还有最小的本恩。我醒得很早，起来后就去了办公室，在那里花了两个小时审校了编辑在新版团体治疗教科书中一章的引用文献。大约10点30分，我来到屋内，看见玛丽莲坐在桌旁，已经用完早餐，正喝着茶，读着晨报。

"孩子们在哪里？"我问。是啊，孩子们！我女儿64岁，儿子50岁。（我的另外两个儿子分别是62岁和59岁。）

"哦，"玛丽莲平静地说，"他们在殡仪馆安排葬礼，然后他们将参观陵园，看看我们的墓地，我们将会被安葬在妈妈的旁边。"

连我自己都感到惊讶，我竟然哭了起来，眼泪止不住地流了好一会儿。玛丽莲搂住我，我试着让自己平静下来。在抽泣之间，我说："你怎么可以如此轻描淡写地谈论这件事？想到你将要死去，想到我将在一个没有你的世界里继续生活，就让我痛苦不已。"

她把我拉向她，说："欧文，别忘了，我已经在痛苦中煎熬了 10 个月。我反反复复地对你说，我真的受够了这般生活了。我迎接死亡，我希望再也没有疼痛和恶心，再也没有化疗脑和这种持续的疲劳和恐惧感。请理解我。相信我——我敢说如果你这几个月一直生活在我的状态中，你一定会有同样的感觉。我现在活着只是为了你，一想到要离开你，我就伤心欲绝。但是欧文，是时候了。拜托，你得让我走。"

这些话，我不是第一次听到了，但可能这是我第一次真的听见了。也许是第一次，我真切地理解到，如果我经历了玛丽莲所经历的最后 10 个月，我会有同感！如果我生活在那么多的痛苦中，我会像玛丽莲一样欢迎死亡。

一刹那，就在一刹那间，我感觉自己记忆中一些医生老生常谈的话冒了出来，挣扎着反驳：你不必忍受痛苦的，对付疼痛，我们有吗啡，对付疲劳，我们有类固醇。我们有……

我们还有……但是此刻，这些并非真心话，我一个字也说不出口。

我们俩相拥而泣。第一次，玛丽莲谈到她死后我的生活。"欧文，情况不会太糟糕的。孩子们会常常来陪你，朋友们也会不时来看望你。如果你在这个大房子里觉得形单影只，只要你需要，就可以请我们的管家格洛丽亚和她丈夫搬到我的办公室里来住，我们免去他们的租金，他们可以一直住在那里。"

我打断了她：我曾在心里暗暗发誓，决不把我没有她之后如何生活的烦恼强加给她。我拥抱她，并且第一千次地告诉她我是多么爱她、仰慕她，我生命中任何微小的成功都是她的功劳。

和往常一样，她并不赞同我，她说我有才华，我在写作上创造了那么多精彩纷呈的世界。"你本身就有才华，你有自己的创造力，我只是帮助你把它们释放出来。"

"我的成功来自我的头脑、我的想象力——对，这我知道，亲爱的。但我也知道是你为我打开了一扇创作世界之窗。如果不是你，我会和我医学院里的老伙伴们做一模一样的事：我会到华盛顿特区执业。虽然那也不失为一种美好的生活，但我便不会有任何一本书问世。你让我触摸到最高形式的文学。记得我在大学里匆匆忙忙上了三年的医学预科，你是我与经典而伟大的文学和哲学之间唯一的联结。你拓展了我狭窄的世界观，是你把我介绍给了伟大的作家和思想家。"

～

那天晚上，我们的密友丹尼和乔西来访，带来了一顿自制的晚餐。丹尼是我的同事，是我认识的最好的心理治疗师之一，也是全美知名的爵士钢琴家。当丹尼和我单独散步时，我向他诉说了我面临的情况。他很清楚玛丽莲在我的生活中的重要性（有如他的妻子之于他）。我知道他会同意玛丽莲的决定：他经常表达，任何人在痛苦难以忍受和康复全无希望时，他会支持其拥有结束生命的权利。

我告诉他，对我来说，生命中的这段时间太可怕了，玛丽莲已经停下了所有多发性骨髓瘤的治疗，但不久之后的某一天，它会不可避免地再次出现。日复一日，提心吊胆。我永远不会忘记，最初发病时玛丽莲因骨髓瘤引发椎骨骨折，背痛到尖叫着喊醒我。

丹尼通常反应敏捷，口齿伶俐，是我认识的最有表现力和智慧的人之一，听完我的话，他却异乎寻常地安静，他的沉默令我不安：我担心这个话题对他来说太过沉重了。

第二天早上，玛丽莲和我在早餐时顺便提到，她感到背部有些疼痛。我默默倒吸一口气：自然联想到了骨折的椎骨和可怕的疼痛——多发性骨髓瘤的第一个症状。我感到恐惧：我一直害怕她的多发性骨髓瘤复发。我最害怕的事终于降临了吗？我已经好几年没有做体检了，我本可以轻易地把手放在她的背上，给她的椎骨施加一点压力，并找出疼痛的位置。但是我不能让自己这样

120

做。没有慈爱的丈夫应该处于这种位置。此外，我的女儿，也是一名医生，即将赶来，我可以请她检查她母亲的背部。想到除了吗啡和死亡，她的痛苦可能无法缓解，这是多么可怕啊！

我开始责备自己。毕竟，我曾看过许多丧亲者，他们中大多数都同样遭受过我此刻所面临的丧失。是的，我反复强调自己的丧失是多么非比寻常，我的玛丽莲，我爱了她那么久，爱得那般深沉，我此刻经历的痛苦甚于其他任何人。

我也看过许多丧亲者的配偶，他们最终得到了改善——我知道这会十分漫长，通常需要一两年的时间，但他们都做到了。然而，我却故意不去安慰自己，而是立马想到我的种种难题，比如我的年龄问题、记忆问题、身体问题，特别是平衡问题，这让我在没有手杖或助步器的时候难以行走等。然而我很快就开始反驳这个满是负面想法的自己：欧文啊欧文，看看你所拥有的吧！对于人的精神和心智，对于如何度过至暗时刻，你何其了解。欧文啊，你拥有那么多的支持——四个爱你的孩子，八个孙子孙女，你的任何要求，他们不会置之不理。更何况身边还有很多好友。此外，你还有经济能力，既可以留在你舒适的家中，也可以选择住进任何疗养社区。最重要的是，欧文，你和玛丽莲一样，人生无有遗憾——你度过了漫长而满意的人生，你的成功远超乎你的想象，你帮助过那么多的病人，你的著作用30种语言售出了数百万册，每天还会收到大量粉丝的邮件。

　　然后我对自己说，是时候停止发牢骚了。你为什么要去夸大你的绝望，欧文？你这是在请求帮助吗？你还在想让玛丽莲知道你有多爱她吗？上帝啊，她一直以来都知道的呀！而且，你如此悲伤只会让她感觉更加糟糕，不是吗？是的，是的，我回答。我知道她不想让我陷入极度绝望——她希望我快乐地、好好地活着，她不希望我和她一起死去。我不能再这样痛苦下去了，是时候振作起来了。

　　有无数的朋友和熟人希望来探望她，面对这么多充满善意的访客，我有责任保护玛丽莲不累到自己。我担任计时员的角色，尽可能礼貌地把探视时间限制在 30 分钟以内。我女儿已经建立了一个网站，让玛丽莲的朋友收到关于她病情的消息。

　　玛丽莲强打精神。当朋友和我们一起吃饭时，她从不会让对话冷场，嘘寒问暖，让客人们宾至如归，对此我由衷钦佩。的确，我有与学生和患者交谈以及工作的技巧，但她的社交能力却是我所望尘莫及的。我们四个孩子中，总是有一个或几个经常来探望和过夜。他们过来时我总是很开心，我们总是会有生动的讨论，常常下国际象棋，有时会玩玩纸牌。

　　然而无论多么爱孩子们，我还是非常珍惜和玛丽莲独处的夜晚。几个月来对于吃什么我全权负责，玛丽莲的胃非常敏感，她每天吃同样的简单食物——鸡汤、米饭和胡萝卜。我会为自己安排一些简单的晚餐，偶尔从餐馆叫外卖。然后会看电视新闻，玛丽莲还祈祷自己能活着见证特朗普被弹劾。通常我们会找电影来看——这不是一件容易的事，因为玛丽莲的记忆力太好，而且，她总是更喜欢看新片，在当晚看一半，第二天再看另一半。

今天晚饭后，我们一起看加里·格兰特（Cary Grant）和雷蒙德·马西（Raymond Massey）主演的老电影《毒药与老妇》（*Arsenic and Old Lace*）。我们手握着手，我不时地抚摸她。我边享受着这部电影，边注视着玛丽莲，想到留给我们的时间已经不多了，我有点懵。我知道……我们知道……她很快就会死去，大约在四个星期内。这有点不真实，我们只能等待，等待多发性骨髓瘤来猛烈地摧残她的微笑和美丽的身体。我为她感到害怕，也惊讶于她的性格和勇气。我从未听见她抱怨自己患上这种病的坏运气，她也从未感到过害怕或沮丧。

反倒是我，清楚地意识到自己正在退化。我常对我的日程安排感到困惑，经常看错日程表。我以为病人今天三点来，结果她是四点到。我以为我们会在 Zoom 上见面，但她亲自到访。我觉得自己开始失忆，自己很无能。当然也有例外：当我真正开始与病人会谈时，那个记忆中的自己又回来了，几乎无一例外地，我给予每位病人有价值的东西，即使是在一次性的治疗中。

在我看来，我的平衡、我的行走能力、我的记忆都在迅速恶化。现在，我第一次开始怀疑玛丽莲死后我是否真的可以独自住在这所房子里，可惜我们不能一起死。我最近才知道，孩子们最近一直讨论的主题是我该在哪儿安顿、该如何生活。有一天，女儿伊芙说，她准备把我的燃气灶换成电炉灶，因为她担心我会不小心忘记关火，把房子给烧了。虽然我心里有一些理解，但她把我当小孩子对待，还替我做厨房的决定，让我有点恼火。当她和其他所有孩子都说我不能在这个屋子里独自生活时，我有点生气，但没有发很大的火，因为我担心他们是对的。孤独不是问题，安全才是。

对于未来，我还没来得及细想，也没有认真地考虑过是否要雇一个人来家里住。我想克制自己不去想这些，因为我把这当作是对玛丽莲的背叛。在过去两天里，我跟几位朋友聊了聊，他们都支持我继续住在家里，因为我是如此爱这个家。我在同一个社区里生活和工作了好几十年，身边有家人和朋友，所以眼下我仍旧决定待在家里。在我的朋友和孩子之中，一周有三个晚上有人陪伴，另外的时间里我独自一人，我对此感觉很满意。基本上，我不是一个喜欢社交的人，在这个家里，我的妻子扮演了这个角色。我记得我与玛丽莲的第一次会面：那时我十来岁，在保龄球馆里和人打赌。有人提议我们去玛丽莲·柯尼科（Marilyn Koenick）家参加派对，印象中此人既非密友，品行还有些不端。那里的人多到密不透风，我们只有爬窗才进得去。在一个拥挤的屋子里，玛丽莲被众星捧月般站在那里。我看了她一眼，穿过人群，向她做自我介绍。这对我来说是不同寻常的举动：在那之前和之后我都没有如此大胆过，那就是一见钟情吧！第二天晚上我就打电话给她——生平第一次打给一个女孩。

当我想到没有玛丽莲的生活，一股巨大的哀伤和焦虑涌现。我的心智在用原始的方式运作：想象一个没有玛丽莲的未来就好像是一份背叛，背叛是会加速她死亡的行为。"背叛"听上去是个正确的用词：当我规划着自己在玛丽莲死后的生活时，感觉就像是背叛。我应该把心思完全放在她身上，放在我们的过去，放在我们该如何度过此时，以及我们不多的未来上。

一个灵感突然降临！我要自己去想象一下如果事情反过来会怎么样。假设是我正在死去，玛丽莲需要一如既往地照顾我吗？假设我知道我只有几个星期可活，我会担心玛丽莲没有我会怎么样吗？当然！我会很担心并且祝愿她有最好的生活。这样去想让人即刻便获得了疗愈。此刻，我感觉好多了。

11 月

第 17 章　临终关怀

　　临终关怀，我一向只把这个词跟垂死病人的最后几口气联系在一起。然而此刻我正在与临终关怀的医生们打交道。我还能四处走动，还能自己沐浴，还可以读书写字，依然能与访客清晰地对话。虽然有持续的疲惫感袭来，但我依然还能正常运转。

　　传教临终关怀部门 P 医生的到访给了我很大安慰。与他交谈格外亲切，他知识丰富、充满同理心。在照顾临终病人上有着多年的经验，他会借由各种药物和其他方式的治疗，包括冥想和按摩，来尽量减轻病人的痛苦。只要自己没有难以忍受的疼痛，我想我可以带着一点尊严坚持到底。而且，我对 P 医生满怀信心：他亲自协助过上百位病人的临终时刻，并向我保证他会把一切都照顾妥帖。把我自己交给他，我内心很踏实。

　　我们也见到了随后会照顾我的护士和社工，从今起，护士会每周来一次为我做检查，了解病情的进展。她同样知识丰富并富有同理心，想到她每周都会来，我很安心。我甚至接到医院临终关怀团队一位义工的电话，说可以来家里给我做一次按摩。由于确实喜爱按摩，我立即就答应并约好了时间。我很好奇，想见见为临终关怀做义工的人。给予这具87岁的垂死之躯如此慷慨的关注，而与此同时有那么多人得不到任何照护，这让我感到有些过意不去。

　　包括欧文在内的许多人，一直赞叹我保持平静的能力。是啊，整体来看我确实感到平静。不过偶尔在梦境里，痛苦会突然爆发，但总的来说，我已经接受自己就快要死了的事实。与家人和朋友永别是极为悲伤的，但这份悲伤并未改变我的能力，我依然能在余生中的每一天保持小小的愉悦感。这不是什么漂亮话：经过了九个月的副作用明显的治疗，大部分时间里我都感到痛苦难耐，所以我真心享受这段"缓刑"时期，尽管可能非常短暂。

　　斯坦福大学最受尊敬的人文学教授之一罗伯特·哈里森（Robert Harrison）称死亡是生命的"巅峰"。他考虑的"巅峰"可能是在天主教的语境中，指的是与上帝和解，并接受最终的仪式。那么"巅峰"的说法对一个非宗教信徒来说有意义吗？如果我能免于躯体的疼痛，如果我能享受日复一日的简单生活，如果我可以和我最亲爱的朋友们道别（当面或

127

者书信），如果我能活出最好的自己，并向他们表达我对他们的爱，优雅地接受我的命运，那么也许死亡的那刻将会是我的"巅峰"。

我回顾一下历史上看待死亡的方式，或者至少是我所知道的历史。记得在我的书《情爱之心》（*The Amorous Heart*）中有一幅《埃及死亡之书》（Egyptian Book of the Dead）中的生动画面。三千多年前，古埃及人以最具戏剧性的方式对这段从生到死的人生做了最后裁决。心被认为是灵魂的居所，它将会被放在秤上称量。如果它足够纯净，就会比羽毛还轻，那么死者将可进入来世。但若心带着沉重的恶行，就会比羽毛沉得多，那么无论男女都会被一只怪兽所吞噬。

好吧，即使我确实不相信有那种审判，但我相信人之将死，若有时间反思，往往会评价自己所度过的一生。当然我就会这样做。若对自己感到满意（并非贬义）的话，我觉得自己未曾伤害过谁，可以不带遗憾和内疚去往生命的终点。我收到许多电子邮件、卡片和信件，它们不断告诉我，我对很多人有过重要的帮助。这当然是我大部分时间里感到平静的原因之一，我也因此预见自己将会得以"善终"。

对死亡的认知，可以追溯到古罗马作家塞涅卡、爱比克泰德 (Epictetus) 和马可·奥勒留 (Marcus Aurelius)，他们每个人都试图去理解宇宙。在宇宙之中，任何个体的存在都被视为两团永恒的黑暗——生前与死后——之间的一线微光。

至于最好的生活方式，无论是社会层面还是理性层面，哲学家们都希望我们无惧死亡，去接纳这份生命中的伟大必然。

虽然基督教对上帝和来世的憧憬取代了这些"非基督徒"作家们的思想，但善终的想法已经持续了几个世纪。在新近出版的几本著作的标题中，这一想法还在持续发挥着影响，如凯蒂·巴特勒（Katy Butler）的《善终的艺术》（*The Art of Dying Well*）（2019）。舍温·努兰（Sherwin Nuland）的《死亡的脸：耶鲁大学努兰医生的 12 堂死亡课》（*How We Die: Reflections on Life's Final Chapter*）（1995）坦率而悲悯地描述了生命是如何脱离身体的。

当然，正如 P 医生提醒我的那样，死亡是一件非常个人的事情：没有一种死法适合每个人，即使是患有同一疾病的人。我可能会日渐虚弱，或者某个器官衰竭，又或者由于大剂量的镇静剂，我可能会在睡梦中毫无痛苦地死去。而我选择了医生的协助，那么当我依然清醒，还能表达意愿时，我要亲自选定死亡的日子。那个时候，除了临终关怀的医生和护士之外，我会要求我的丈夫和孩子们在场。

现在，临终关怀人员犹如我的"导游"，他们非常了解临终病人所需。根据以往照料临终病患的种种经验，他们似乎在我开口前就预料到了我的问题，并提供我要的答案。无论白天还是晚上，我可以在任何时间打电话到传教临终关怀中心，获得服用药物的指导，药品已经放在我的橱柜和冰箱里了。如有紧急情况，他们会派人来到我家里。我们已经签署了文件，明确拒绝为了延缓死亡而采取任何极端措施。最后，不管到时面临的是什么，我应该还能有所控制。

尽管我并不惧怕死亡本身，但与亲人分离却让人悲伤不已。虽然有哲学家的诸多论述和医学家的信誓旦旦，但这些都无法疗愈我们去面对必然分别的简单事实。

11 月

第 18 章　抱慰人心的幻觉

　　M 医生评估玛丽莲只剩一到两个月的时间了，如今已经过去六周了。时间流逝，可玛丽莲看起来还不错，而且非常有活力。儿子本恩给全家人发了一封电邮："大家好，尽管她不这么认为，但看起来我们亲爱的妈妈会和我们一起过感恩节啦！她要求我们提前规划好，在帕洛阿尔托一同庆祝。"

　　玛丽莲目前正在听一个关于马可·奥勒留的录音讲座。她度过了美好的一周：很少恶心，有点胃口，有了点精神。她仍然大部分时间躺在客厅的沙发上，打瞌睡或欣赏窗外巨大的橡树。这个星期还有两次，她愿意走 100 英尺去到门口的邮箱。

　　玛丽莲的病让我更能意识到自己的死。我从亚马逊买了些东西——双 A 电池、耳塞、善品糖（Splenda），和往常一样多。然而就在按下"购买"键之前，我自责道："欧文，你不能一下子又买 30 个双 A 电池，或者一箱子有 1000 包的善品糖了。你太老了，你可能活不了那么久。"于是我精简了购物车，少买了一些。

握着玛丽莲的手，就是我此生最大的快乐，再没有什么可以比拟，我对她始终"爱不释手"，永无满足。初中时我俩就这样了，后来在罗斯福高中食堂，人们总是笑话我们连吃饭时都要拉着手——70 年过去了，我们仍然如此。写到这里，我强忍着眼里的泪水。

~

我听到玛丽莲和女儿伊芙在一间备用卧室里发出阵阵谈笑声。我很好奇她们在做什么，就走了过去。看见她们正在一件接一件看着玛丽莲的珠宝——她的戒指、项链和胸针，决定在我们的子孙、姻亲和密友中，每一件应该由谁来继承。她们似乎很享受这个讨论的过程。

几分钟过去了，虽然刚到上午 10 点钟，但我已经感到疲乏，躺在一张床上继续看着她们。又过了几分钟，我开始发抖。即使房间有 21℃，我还是拉过毯子盖在了身上。整个画面让我觉得可怕：我无法想象自己会如此轻松地把它们送出去了，每一件可都代表着某段生命的印记啊！它们的背后都是玛丽莲的故事——她从哪里得到的，是谁送给她的。我觉得好像一切都在消失。死亡吞噬着所有的生命，所有的记忆。

最终，我被忧伤所征服，不得不离开房间。几分钟内，我回到我的电脑前敲下这些话语，仿佛这将能阻止时间的流逝。这整本书不也是为了这个吗？我试图通过记录此刻而让时间凝固，希望把它运送到遥远的未来。这一切无非是种幻觉罢了，却是一种抱慰人心的幻觉。

11 月

第 19 章　法文书籍

　　我在书房看着空空如也的书架子，它们曾经用来装我的法文书籍。肯定至少有 600 本书，满满两排，从天花板堆到地板。记忆所及，欧文和我都是手不释卷。我们十几岁便都爱上书籍，从此就一直沉浸在书海中。我们的房子被塞满了书，我似乎是唯一一个知道大部分书去哪里找的人，虽然我也会有失误。

　　昨天，玛丽－皮尔·乌略亚和她的丈夫一起过来了一趟。她是我在斯坦福大学法语系的年轻朋友，他们把我的法文书籍装箱带走了。我的书将在她的图书馆里找到一隅新家，开放给学者和学生们。知道这些书不会散落消失，让我感到欣慰。

　　然而，我还是充满了悲伤。70 年来，我沉浸于法国文学和文化中，这些书是我人生中重要的一部分。有一本年代最久远的书我没舍得送人——那是 1950 年在我高中毕业时，法语老师玛丽·吉拉德（Mary Girard）送给我的一本《大鼻子情圣》（*Cyrano de Bergerac*）。她题词到：

> 给玛丽莲，带着对往昔的深情回忆和对未来的美好祝愿。

正是吉拉德夫人建议我去读韦尔斯利学院，当时学院以其优秀的法语系而闻名，我也曾考虑从事法语教师的工作。她（或我）并没有想到我会一路读下去，最终获得比较文学的博士学位，并做了大半生的法语教授。

我的书按历史顺序排列，从第一个书架顶部的中世纪开始，到第二排底部20世纪的作家，诸如科莱特（Colette）、西蒙·德·波伏娃（Simone de Beauvoir）、维奥莱特·勒杜克（Violette le Duc）和玛丽·卡迪诺（Marie Cardinal）等。从20世纪以男性作家为主，转变到近代的女性作家。这或许代表了我自己的口味，但也凸显了当今女性在文学世界中的分量。

我还记得有关德·波伏娃《第二性》新译本的争议，那是由我的好朋友康斯坦斯·博尔德（Constance Borde）和希拉·马洛瓦尼－谢瓦利尔（Sheila Malovany-Chevallier）合译的。译作被批评认为"太按字面含义了"，我觉得自己有义务站出来，遂致信《纽约时报》为其辩护。这本有着她们题词的译作，是我不舍的另一本书。

然而现在，几乎所有的书都不见了，徒剩空空荡荡的书架以及我内心巨大的空洞。不过，玛丽－皮尔将会开放这些图书，它们将会像涟漪一般影响其他人的生活，这样想又带给我许多希望。玛丽-皮尔建议我贴上藏书票，说明这些是玛丽莲·亚隆的藏书，后来我便请欧文帮我完成。

我的其他书籍，包括妇女研究、生活随笔、德语书和国际象棋的书籍，将会怎样呢？我会打电话给我的同事们，请他们拿走任何他们想要的。我只能把这些问题交到欧文和孩子们手里。我不得不接受，当我死的时候，我将没有意识，对这些事也不再拥有发言权了。

～

由于我和法国、书籍和我的法国朋友的缘分，一些料想不到的事情随之发生了。去年在巴黎时，我和两位好朋友菲利普·马夏尔（Philippe Martial）和阿兰·布里奥特（Alain Briottet）在一起，他们两人都曾经住在法国乡村，经历了第二次世界大战（以下简称"二战"），菲利普在德国占领下的诺曼底，阿兰在当时被称为"自由区"的南部。阿兰最近出版了一本回忆录，讲述1940年停战后他的军官父亲被囚禁在德国监狱的回忆。

我提议我们可以合编一本书，讲述孩子们眼中的二战，可以包括我们自己的故事，也可以从朋友们那里收集他们的故事，书名可以是《无辜的见证人》（*Innocent Witnesses*）。孩子们记忆中的二战可能不只是战争的恐怖，他们可能会记得自己吃到过什么，没吃到什么，尤其是被饥饿折磨的记忆。他们会记得那些善良的陌生人护送他们回家，会记得在生日或圣诞节收到惊喜的玩具，他们会记得其他一同玩耍过的孩子，其中一些流离失所或者死去，就此消失。他们会记得警报声和爆炸声，以及照亮夜空的照明弹。孩子们的目光记录下战争中的日常生活，透过他们被重新唤起的这些记忆可以帮助我们见证战争的残酷。

在《无辜的见证人》中，我汇编了六位同事和朋友的童年历史，用第一人称叙述，对话过往几十年的历史。战争期间，当我们都是儿童时并不认识彼此，当我认识他们时，都已是成年人了。他们有力量穿越那段岁月，如今成为有思想有成就的人，这让我惊叹不已。从他们的记忆中，我们能推测出帮助他们生存下来的一些处境。哪些大人给予他们保护和希望，帮助他们度过最糟糕的时期？哪些个人特质帮助他们成为健全的成年人？他们如何处理那些痛苦的战时记忆？如今这些人中有几位已经辞世了——剩下的也会在不远的将来离开，我觉得去讲述这些故事，义不容辞。

我一回到加州，就着手整理书稿。令我惊讶的是，即使伴随多发性骨髓瘤的诊断和治疗，这项工作依然取得很大进展。当我放弃治疗时，我决定把书稿发给我的经纪人桑迪·迪克斯特拉（Sandy Dijkstra），请她看看这份书稿是否可以出版。

事情进展得很快！桑迪向斯坦福大学出版社提交了材料，一个星期内他们便回复了，还提供了完美的建议——不仅出版《无辜的见证人》，还会出版与欧文合著的这本书。这感觉就像是神赐的礼物。现在我要做的就是活着，以便和我的编辑凯特·沃尔（Kate Wahl）一起完成这两本书的出版。她已经阅读了书稿，并提出了许多建议。我希望我能完成这项工作。离感恩节只有两个星期了，那时孩子们都会过来，我必须节省精力，为了他们和我的两本书。

11 月

第 20 章　终点临近

　　早上大部分时间我都待在我的办公室里，那里离房子有三分钟的步程，当我走进玛丽莲的办公室时，无比震惊。她一半的书架是空的，而我此前全然不知。把她的藏书提供给学生是完全能够理解的，但若是换作我，根本做不到。我根本不能眼睁睁看着对我而言最有意义的藏书全部散去。

　　我不愿住进小一些的老人公寓，这是最主要的原因：把我的书送出去太令人痛苦了。我会把那个任务留给孩子们：我相信他们会做出理性和明智的决定。回到办公室，我坐在转椅上，仔细打量着背后的书墙。共有 7 个书架，每个书架有 7 层，每层约 30 本书，总共约 1500 本书。虽然这些书的排列显得很随意，但对我来说却很容易辨识。前三分之一按作者的字母顺序排列，其余的书则与我所写过的书有关：有几层书架是尼采或关于尼采的书，然后是关于叔本华的，还有关于斯宾诺莎的，以及关于存在主义心理治疗和团体治疗的。当我打量着它们时，唤起了我在创作每本书时的心境和回忆，也想到我所身处的地方。写作是我生命中最精彩的部分，写作是我灵感不断涌现的地方，那种感受至今犹记于心。我在巴厘岛、夏威夷和巴黎写了几章《当尼采哭泣》(*When Nietzsche Wept*)，在塞舌尔写的《爱情刽子手》。团体治疗的教科书是在伦敦写的。《叔本华的治疗》(*The Schopenhauer Cure*) 是在奥地利和德国写的。

　　看着空空荡荡的书架，玛丽莲平静如常，这就是她。毫无疑问，她对死亡焦虑的体验远没有我多（她总体的焦虑也比我少），而且我确信这份焦虑来自我们早年的人生经历。让我讲一讲我们的人生故事，一个我相信能揭示焦虑来源的故事。

　　玛丽莲的父亲塞缪尔·柯尼科和我父亲本贾明·亚隆（Benjamin Yalom），在二战后，他们各自都从俄罗斯的犹太小镇移民到美国，都在华盛顿特区开了一家小商店。玛丽莲的父亲在青春期后期来到美国。他在美国接受了一两年的世俗教育，之后他以自由的精神走遍美国，然后遇见玛丽莲的母亲西莉亚（Celia），西莉亚从波兰移民到美国。提到我父亲，他21岁来到美国，没有接受任何世俗教育。

　　我们两家的父亲都很努力地工作，很少会离开商店。我父亲的工作时间更长些，因为店里卖酒和杂货，商店每天营业到晚上 10 点，周五和周六则营业到午夜。

　　玛丽莲的父亲更适应美国文化，他为妻子和三个女儿在华盛顿一个有教养且安全的地方选了一栋房子，距离商店大约 20 分钟车程。而我父亲则认为他的家人（我的母亲、我七岁的姐姐和我）应该住在商店顶层的一个小隔间里，而当时商店位于一个缺乏治安的危险街区。对于我的父母来说，选择住在商店上面是务实的：当父亲想吃饭或休息时，母亲可以换下他来。当商店里很忙的时候，他可以打电话给我母亲，她一两分钟就可以冲下来。

　　住在商店里对他们倒是方便，但对我来说却是灾难性的：我觉得家外面的地方都不安全。星期六和学校假期时，我一般会待在商店工作，倒不是父母要求我这样，而是因为除了贪婪地读书之外，我找不到别的事可以做的。华盛顿特区当时有种族隔离，除了其他店主之外，我们也是附近唯一的白人家庭。其中一个，五个街区外，一直是我父母的密友，来自俄罗斯的同一个犹太小镇。我所有的朋友都是黑人孩子，但我的父母不允许他们进我们家。此外，住在几个街区外的白人儿童已经接受了反犹太主义教育。每天，我要走过八个漫长的、不时有危险的街区到盖奇小学，学校位于城市的一个白人区的边界上。我记得，很多次附近店里的理发师会迎着我说："嘿，犹太仔，一切如何啊？"

　　几年后，我父亲放弃了卖杂货，只销售啤酒和烈酒。虽然利润更高了，但它也有一些无耻的客户，也遭遇过多起抢劫。为了保护我们，父亲雇了一名武装警卫坐在店后面。当我15岁的时候，我妈妈坚持要买房子，搬到了一个更安全的社区去。我的生活完全改变了：一所更好的学校，更安全的街道和友好的邻居。最重要的是，我在九年级时遇见了玛丽莲。虽然我的生活自从那时就有了显著改善，但时至今日，80年过去了，早年间产生的焦虑依然挥之不去。

玛丽莲的早年生活则大不相同。她在这个城市一个安全、宜人的地方长大。玛丽莲，她的姐妹们以及她的母亲都没有踏进过自家的商店。此外，玛丽莲上过演讲（elocution）学校，上过音乐课，总能获得认可和鼓励，在她的整个生命中，没有遭遇过反犹太主义，也没有受到过威胁。

就在玛丽莲和我认识几个月后，我们才发现，双方父母的商店仅隔了一个街区。我父亲的商店在第一街和西顿街的拐角处，她父亲的商店在第二街和西顿街的拐角处。在我还是一个孩童和青少年的时候，我一定上千次路过我未来的岳父的商店！然而，我们的父亲直到退休多年后，才在我们的订婚聚会上相识。

因此，表面来看，我们的早年生活颇多相近：从东欧移民来的父母，拥有商店的父亲们，彼此只隔着一个街区。然而事实上却有着天壤之别。在我所在领域的许多先辈探索家们——西格蒙德·弗洛伊德（Sigmund Freud），安娜·弗洛伊德（Anna

Freud），梅兰妮·克莱因（Melanie Klein），约翰·鲍尔比（John Bowlby）——都曾推断出，早期的创伤，甚至可以追溯到语前时期，所造成的损失往往不可磨灭。对成年人，甚至到了人生的晚年阶段，这些早期的创伤，依然会对舒适、自在、自尊带来不可磨灭的影响。

11 月

第 21 章　死亡抵达

这是至暗时刻。现在，玛丽莲的死已经在地平线上可见，越来越近了，并渗透到每一个大大小小的决策中。她喝格雷伯爵茶（Earl Grey），当我看到只剩下两个茶包时，想去杂货店再买一些，但是买多少呢？家里并没有其他人喝茶。一盒有二十包茶，担心她再活不过几天，但我还是买了两盒，四十个茶包——恳求奇迹发生，让她和我在一起的时间再长一些。

早上醒来，她抱怨背疼，一动就感到剧痛，几乎动弹不得。而我尽我所能帮助她在床上找到一个不会让她觉得那么痛的位置。当她痛不欲生之时，我却无能为力，内心极度无助。

我想知道她为什么不再提要结束自己生命的事情了：在没有这么痛的时候，她经常谈到它。她改变主意了吗？她知道自己可以立即选择结束生命。两天前，P 医生开了一个多小时车到最近的药店，买好了一袋子致命的混合药物，交给了我们。现在就放在我们浴室的小壁橱后面，袋子上有很大的警告标志。

　　她的背痛非常严重，即便是用电动楼梯椅，她也不能再下楼了。临终关怀的护士认为是玛丽莲和我的双人床太软，加重了她的疼痛，护士坚持让玛丽莲睡在走廊对面小卧室里更硬一些的床上。这一夜，玛丽莲睡得更好，但我却没睡好：我很担心，如果她痛得大声叫起来，我可能会听不见。于是大半夜里我就躺着，醒着，竖起耳朵听着。第二天，我和孩子们把家具做了大的重新布置，把这张硬一些的小床搬到了我们卧室双人床边上，并把我们巨大的卧室书柜移到了另一个房间。

　　现在很显然，玛丽莲将无法与家人一起共度感恩节了。她的疼痛持续加剧，以至于临终关怀人员每个小时都会给她注射小剂量的吗啡，让她更舒适些。前两剂吗啡使她在一天的大部分时间里都睡着。每当我试图和她说话时，她只能咕哝几句，然后就又睡去了。虽然她的痛苦减轻让我感到宽慰，但当我意识到这可能会是我们最后一次交谈时，我便泪流不止。我也看到了我儿子本恩的沮丧，他已经同意编辑《无辜的见证人》一书，这是玛丽莲关于儿童对二战回忆的书，但他无法确定哪份文稿是最新版本，并多次试图询问玛丽莲文稿存在电脑哪个地方，但她总是昏昏沉沉，无法回应。

　　玛丽莲经常失禁，女儿和最小的儿子本恩每天帮她清理换洗衣物（本恩有三个幼儿，对处理尿布很有经验）。每当这时，我便走出房间：我想保留我记忆里美丽的、未受玷污的玛丽莲。其他时刻，我则寸步不离，整天待在她身边，我仍然没有放弃希望，期待我们还能最后再说几句话。

下午晚些时候，她突然睁开眼睛，转向我说道："是时候了。欧文，是时候了，够了，欧文，够了，让我走吧！"

"需要我请P医生来吗？"我用颤抖的声音问。她用力点了点头。

P医生在90分钟后到达，但他判断吗啡让玛丽莲的意识太过昏沉，不能自愿吞咽结束生命的药物，而自愿吞咽是加州法律所要求的。他下了医嘱，大幅度限制她的吗啡，并告诉我们，他和护士将在第二天早上11点返回。他留给我们他的手机号码，要我们在必要时随时给他打电话。

第二天早晨，玛丽莲早上6点醒来，非常不安，再次恳求P医生来帮助她结束生命。我们给他打电话，不到一小时，医生就赶来了。玛丽莲早先曾要求过，她走时，我们所有的孩子都要在场。三个孩子前一天就住在家里，但另一个在马林县他自己的家中，有一小时车程。当儿子从马林县赶来后，P医生靠在玛丽莲身边，凑近她的耳朵问："你想要什么？"

"不想活了，到此为止。"

"你确定现在就想结束自己的生命吗？"虽然玛丽莲极度昏沉，但她还是坚定地点头。

P医生先给她一些药物来预防呕吐，然后用两个杯子准备致命的药物。

他面露忧色，当把吸管放进玻璃杯里时，他不无担心地说道："我希望她的意识足够清醒，且有足够的气力能把玻璃杯里的药物吸上来。法律规定病人要有足够的意识自己吞下药物。"

我们扶玛丽莲从床上坐起身来。她把吸管放进嘴里，喝完第一杯。P 医生随即把第二杯递到她唇边。虽然玛丽莲虚弱得说不出话来，但她还是一口气喝完了第二杯。她躺在床上，闭着眼睛，深深地呼吸。床边是 P 医生、护士、我们的四个孩子，还有我。

我的头靠着玛丽莲的头，注意力全都放在她的呼吸上。我感受着她每个细微的动静，默默数着她微弱的呼吸，数到第 14 次时，呼吸停止。我俯下身，亲吻她的额头。她的身体已冷：死亡降临。我的玛丽莲，我最爱的玛丽莲，永别了。

～

不到一个小时，殡仪馆的两位男士赶来，我们都在楼下等着。15 分钟后，他们把她安放在裹尸袋里抬下楼，眼看着他们就要走出前门，我要求再看她一眼。他们拉开袋子上面的拉链，露出她的脸，我俯身把嘴唇贴在她的脸颊上。肌肤冰冷而僵硬。冰凉一吻，伴我余生。

11 月

第 22 章　死　　后

　　玛丽莲被殡仪馆的人带走后，我仍然处在震惊状态。我的思绪不断地回到我们的这本书上，而如今，它已经成为我的事了。我告诉自己：记住这一幕，记住发生的一切，记住经过我脑海的一切，这样我就能在书中留下这最后的时刻。我一再地听到自己的喃喃自语：我再也见不到她了，我再也见不到她了，我再也见不到她了。

　　隔天会举行葬礼。虽然被一大家子人所围绕着，我却感到一生中从未有过的孤独。玛丽莲去世那天，我流着泪爬上楼，回到卧室独自待了大半日，想借由观察自己的内心活动来缓解悲伤，当我爬上家中通往卧室的楼梯，独自在卧室里度过玛丽莲死亡日的大部分时间的时候，我默默地哭泣，试图通过观察我的心智活动来减轻痛苦。然而即便这样，某些想法依然挥之不去，想推开的那些场景不断地侵入，让我生动而强烈地体验到那份执着的心念。

我徒劳地想寻找一个开关去关闭那些令我不安的场景，但却束手无策：相同的场景一次又一次地涌入我的脑海。我曾经有无数个小时给强迫症病人做咨询，但是此刻，我才更为真切而深刻地理解了他们的挣扎。直到今天，我都未曾完全明白强迫性想法是多么令人困扰、难缠。我尝试通过呼吸将它赶走，吸气默念"平静"，呼气默念"自在"，但无济于事。我对自己的无能为力感到惊讶：不超过五六次呼吸，强迫性想法就再次浮现。

我感到筋疲力尽，躺在床上。女儿和儿媳妇突然走进房间，躺在我的身边。三个小时后我醒来的时候，她们已经离开了——这也许是我一生中最长的一个午觉，记忆中也是我第一次仰躺着睡的！

几个小时后，入夜就寝时，我感到自己脱离了现实，感到不自在和不真切。今晚是我没有玛丽莲的第一夜，这也只是我余生所有漫漫长夜中的第一晚。哦，也曾有过许多没有玛丽莲在身边的日子，当我去其他城市演讲，当她去巴黎访问，但这是玛丽莲不在、玛丽莲永远不在后我第一次独眠。一反常态，这晚我竟沉沉地睡了九个小时。醒来时，我意识到在过去的二十四小时里，我睡了十二个小时——这是我记忆中最长、最深的睡眠。

四个孩子，没来问我，直接安排好未来几天各种事宜的琐碎细节，包括殡仪馆的安排，与拉比和殡仪馆的主任的见面，选择致辞嘉宾，找专人负责葬礼后的聚会等。我的生活因此也轻松了很多，我非常感激孩子们，也为他们骄傲。然而与此同时，还有一个小我，臭脾气又孩子气的我，不喜欢被忽略。我感觉自己被忽视了，我老了，没用了，我是多余的，被弃的。

～

落葬日。墓地就在冈恩高中对面，四个孩子都念过这所学校，离我家大约 25 分钟的步行路程。此刻落笔时，距离玛丽莲去世没过几天，但关于葬礼的记忆却已经变得模糊。我必须去问孩子们和朋友们才能让它清晰。创伤性压抑——另一个有趣的心理现象，许多病人曾向我描述过，而我在这之前从未亲身体验过。

我将从自己还清楚记得的事情写起。有人（记不清是谁了，但我猜想应该是整天守在我身边的女儿）开车送我到墓地的教堂。我记得当我们提前 10 分钟到达时，宽敞的教堂已经全满了。帕特里夏·卡林－纽曼（Patricia Karlin-Neuman）主持了开场仪式，他是一位几年前玛丽莲和我受邀在斯坦福大学的希勒尔之家（Hillel House）演讲时所结识的拉比。我的三个孩子（本恩、伊芙和里德）和我们两个最亲密的朋友（海伦·布劳和大卫·斯皮格尔）都简短地致了悼词。

　　我对所有的悼词，无一例外地都记得很清楚，每一篇被精心打磨和表达。我特别被儿子里德的话语打动。他一生大部分时间都是一位优秀的摄影师，直到去年，他才给我看了他写的诗歌和散文，主题是关于童年和青春期的。显然，他拥有极高的天赋，只是这份天赋刚被唤醒。这就是我对葬礼全部的记忆了，大部分发生的事情都被抹去了（或许是没有记住），史无前例。

　　接下来我能记得的是，自己坐在了室外，就在墓地的旁边。我是怎么从举行葬礼的教堂来到这里的呢？步行，还是坐了一小段汽车？毫无印象。后来我问女儿，她告诉我，是她和我一起走过来的。墓地的情形我倒是记得，我和孩子们坐在前排的椅子上，面前就是玛丽莲的棺木，看着棺木慢慢地落入深沟。而不远处就是她母亲的安息之地。

　　我整个人如坠雾中，像塑像一般呆坐着。我只能隐约想起所有来宾，在深沟前排着队，当祈祷声响起，每个人拿起铲子把泥土撒在棺木上。我在其他葬礼上记得这个传统，但在这天，我整个人吓呆了，把泥土撒到玛丽莲的棺木上，我根本做不到。所以我只是坐在那里，坠入迷雾，直到每个人都做完为止。我不知道是否有人留意到我没有参与埋葬玛丽莲，如果他们留意到了，我希望他们把这归因于我没有拐杖完全站不稳。不久之后，我随孩子们一起回了家。

在家里，一些来宾，也许是绝大多数参加葬礼的来宾都来了，大家聊天，享用孩子们安排专人准备的香槟和食物。我不记得自己是否喝过或吃过什么。我记得我和几位亲密的朋友说了许久的话，但聚会上所有其他的细节都消失了。有一件事我确信：我不是一个称职的主持人，没有四处去照顾客人们；事实上，我不记得自己离开过椅子。有两位朋友坐在我身边，谈起斯坦福大学要开设一门晚间课程，关于十九至二十世纪的短篇小说，邀请我加入他们。

哦，好的，我决定去参加，或许这代表着我没有玛丽莲的人生开始了。

然而，只是一瞬，我想起了沉睡于地下棺木里的她。然而我推开了这个念头：我知道玛丽莲不在她的棺木里。她不在任何地方。她不再存在——只存在于我的记忆，还有所有爱她的人的记忆中。我真的这样想吗？我接受她的死亡了吗？还有将要来临的我自己的死亡呢？

我无须独自面对玛丽莲的死：葬礼后，我的四个亲爱的孩子尽可能长时间地陪伴着我。我的女儿伊芙，放下了她妇产科医生的工作，细致入微地照顾了我将近三个星期。最后，我告诉她，我觉得我准备好独自一人了，但就在她和我在一起的最后一晚，我做了一个真正的噩梦，好多年来第一次。暗夜之中，午夜时分，我听到吱吱作响的声音，知道卧室的门是开着的。我转向门口，看见一个男人的头，很帅，还戴着一顶深灰色的软呢帽。不知怎么的，我知道他是个歹徒，我也知道他会杀了我。我醒来时吓得心怦怦直跳。

这个梦明显是在提醒我，自己也将与死亡相遇。那顶灰色的软呢帽……我父亲戴过一顶同样的。我父亲也很帅但他绝非歹徒，他是一个善良而温和的人，四十多年前便已去世。为什么我会梦见父亲？我很少想起他。也许他不是被派来杀我的，而是来护送我，去往冥界，去到我和玛丽莲能够长相厮守的地方。

也许这个梦也想告诉我，我还没有准备好让女儿离开，还没有准备好独自一人。但我没有和她分享这个梦：她是一名医生，已经取消了很多与病人的预约。现在是她回到自己的生活的时候了。我儿子里德可能猜到我还没有准备好独自待着，也没问我，周末就过来陪我了。和他小时候一样，我们享受地下了很多盘国际象棋。

直到下周，玛丽莲去世一个月，我才独自度过了第一个周末。当我回顾玛丽莲的葬礼时，我纳闷为什么在葬礼那天我感到如此麻木和平静。也许这源于在她临终时，我寸步未离，没有留下什么遗憾。我就那样守着她，数着她最后一口呼吸。最后一个留在她冰冷脸颊上的吻，那才意味着真正的道别时分。

在我们的订婚派对上牵手

给玛丽莲·亚隆的悼词
2019年11月22日

—

我们将铭记

女儿伊芙·亚隆致辞

在我母亲接受化疗的最初阶段，她便收到了你们如潮水般涌向她的爱。她常说，她意识到"你不只是为自己而活的"。踏上这段旅程之后，她才体会到，原来她在你们的心中有那么重要的分量——你们中有多少人曾被她引领、照顾、鼓励、鞭策以及被深深地爱过。

这种认识令她深深感动，让她最后的几个月活得格外有意义。她想和大家每个人当面道别，让你们每个人都知道她有多爱你们。

身为她的孩子，我理所当然地认为桌上总留有再摆放一个盘子的空间，在我母亲那细小但强大的双腿上总有留给我坐的地方。我感到她深深的爱和教导，是的，是她的鞭策，使我和你们所有的人，成为尽善尽美的自己。

有这样一位女权主义的母亲，何其幸运！我们这一代人，很清楚地知道这是可以做到，而且还有她的指导。不仅如此，她也给了我童年伙伴，甚至还有我的孩子们和她们的伙伴诸多指导和疼爱。

　　作为一名妇产科医生，我一生的工作是给世界带来新的生命，但换个视角，我在这里陪她走完最后一段路，也算是顺理成章吧！

儿子里德·亚隆致辞

玛丽莲热爱大地，

醉心于将双手放入肥沃的土壤中，

屈膝种植番茄，采摘草莓。

我们怀念她的杏子酸辣酱和果酱。

玛丽莲热爱生命的气息，

她是脚步稳健的行者。

我回想起在海德堡采摘蓝莓，

蓝色的芬芳沁入心脾，

另一个画面里，

她和欧文手挽手，

在夏威夷落日的海滩。

我看见她微阖双眼，

大口享受咸味的空气。

她热爱火以及所有温暖之物。

当冬日的柴火劈啪地响着，

玛丽莲就依偎在火旁。

我记得在银湖的那个星期，

三代人相聚，散步、游泳。

篝火旁有我们的故事和歌声，而她爱让她的棉花糖烤到焦黄。

玛丽莲热爱美，

绝非简单的享乐，

而是挚爱着生活，

象征着人性的善良。

她的事业就是善，这是她的信仰。

她在她的工作里寻找它，

并经由她的写作来与世界和她的孩子们分享，

在平常日子的每一个瞬间，

在晚餐前听维瓦尔第的《四季》，

或者手执微甜的雪莉酒，

或者以不同寻常的方式，

带我们去观看在沙特尔的彩绘玻璃。

但最为可贵的是

她聚拢了一群如此惊人的朋友、学生和同事，

当然还有她的家人

欧文，我的兄弟和姐姐，我们的爱人与孙辈们。

她鼓励我们所有人，

去拥抱她的信仰，

在文化、宗教和人性之中，

在彼此之中找到善。

我会深深地想念她的这道光，

我不愿让它暗淡，

而是希望这道光照向黑色的夜，

如灿烂星辰照向趋于无限的宇宙。

而今，

你们每个人便都是这道光。

我们的婚礼（华盛顿特区，1956 年 6 月）

家庭合影（1976 年）
女儿伊芙和三个儿子里德、维克多和本恩（坐在地板上）

儿子本恩·亚隆致辞

　　我的母亲有其独特的视角去看待世界。她深受在法国的时光所影响。"凡事得体"（La façon ou manière correcte de faire les choses.）。这包括彬彬有礼、言谈谦和、举止得体，以及梳头、洗手、穿戴整齐的用餐礼仪。

　　除了以此教导孩子外，我认为这种"凡事得体"或许在二十世纪末的加州略显不合时宜，然而，这让她对这个世界充满信心，正如你们所言及的，这里面蕴含着大家共享的美好回忆。

　　有句话能将她的这份生活态度极致地表达出来，在我小时候，这句话被常常灌输给我，"孩子应该被看见，而非被听见"。哈！然而我让她失望了，我并非一个安静有礼的孩子。相反，我很倔强、需求多，话也多。每个人都向我保证我小时候很难搞，但我自己记不得了。

　　最近，看着她和我六岁的儿子艾德里时，我才特别意识到这一点。他是一个狂野而固执的孩子，动不动就尖声喊叫，爱扔东西，毫无疑问，我是世界上最糟糕的父亲，不用问，这肯定是我的孩子。

　　然而，当他安静下来时，他漂亮、机灵，无比可爱。若是遵从"凡事得体"或者依着"孩子应该被看见，而非被听见"，我会因此担心母亲被他的行为吓到。然而恰恰相反，玛丽莲很快与他建立了亲密的联结。我们每次聊天她都会说：他太可爱了，我都黏上他了。

　　祖孙俩常常花几个小时一起阅读《鹅妈妈童谣》里的《矮胖墩儿》和《二十四只黑画眉》，而最妙的是下面这一首（重复过一遍又一遍）：

　　嘿，迪多迪多

　　猫咪拉小提琴

　　奶牛跳过月亮

　　小狗看到这里就笑了

　　在这里，他们会突然大笑并大声喊叫：

　　盘子跟着勺勺勺子跑了！

　　这总是会让艾德里满地打滚，止不住咯咯笑。

母亲的温暖慈爱，还有这洋溢温馨喜悦的画面提醒着我，事实上，我的母亲并非过于严厉古板，尽管有时会让人有这种感觉。相反，不知怎么的，她总能以她平静、稳定、睿智的方式抚慰我内在固执的小怪兽。

　　我知道在过去的几个月里，她和每个孩子、许多朋友道别，分享着特别的回忆。周一晚上，我们最后一次清醒地说话时，她告诉我："你是我的宝贝，你将永远是我的宝贝。"

结婚五十周年在夏威夷共舞

我们将铭记

我们怀念她

由伊芙·亚隆和她的女儿莉莉和阿兰娜领诵

由在场所有人齐诵

当我们闻到普罗旺斯薰衣草的芬芳时

我们怀念她

当我们读一本精心制作、充满智慧的书时

我们怀念她

当我们以女性形式提到上帝时

我们怀念她

当我们女性拥有一席之地，言说心声时

我们怀念她

当我们尊重历史，但也能自由质疑父权制时

我们怀念她

当我们听到圣叙尔比斯教堂（Saint Sulpice）的钟声时

我们怀念她

当杏花盛开时

我们怀念她

当下午茶变成晚上的雪莉酒时

我们怀念她

当肋排被啃到只剩骨头时

我们怀念她

当语法警察⊖开了一张罚单时

我们怀念她

当举杯庆祝时

我们怀念她

当我们感到困惑、沮丧、鼓舞或欢欣时

我们怀念她

只要我们活着

她也会活下去，因为她现在已成为我们的一部分

我们怀念她

⊖　这里的语法警察是指老盯着他人的语法，看看是否语法正确的
人。——译者注

赴俄罗斯讲演的途中

40 天后

第 23 章　作为一个独立的成年人，生活

我每天都会散步 45 分钟，有时和朋友或邻居一起，但大多都是独自一人。我每天会花几个小时写这本书，另外我还会和好友默林·莱兹克兹（Molyn Leszcz）通话几小时，撰写和编辑即将出版的《团体心理治疗：理论与实践》（*The Theory and Practice of Group Psychotherapy*）第六版的最后几章。多数时候我都很忙，不想要被打扰。我如此一门心思投入于本书的写作，每天早上 8 点我就会迫不及待地赶到办公室，写作时我是最开心的，可同时我又担心，一旦写完，不知道自己精神状况会怎么样。我预感，深深的悲伤最终还是会降临。

总的来说，我对自己表现得这么好而感到震惊。为什么我没有被丧亲之痛打垮？我从不怀疑自己对玛丽莲的爱有多深：我深深确信，没有一个男人对一个女人的爱，可与我对玛丽莲的爱相比拟。多少次，当我看着她在过去几个月里遭受痛苦时，我对她说："我真希望能代替你去承受病痛。"我是认真的：我愿意为她死。

玛丽莲生命的最后36小时在我脑海里反复回放，在这可怕的36小时里，我寸步未曾离开过，我无数次亲吻她的额头和脸颊，即使她往往没有任何反应。玛丽莲的离去对我们俩都是解脱——对她来说，不用再受苦于日复一日的恶心、疼痛，还有要跟那么多深爱她的朋友和家人们告别带来的极度疲惫。而对我来说，几个月来，我一直眼睁睁看着她受苦而无能为力，这对我来说是极大的折磨，现在我也解脱了。那最后36小时，对我来说最痛苦的是，玛丽莲不怎么能说话了，因为药物，即使是已经很小剂量的吗啡和劳拉西泮（lorazepam），也使她的沟通能力受到了很大影响。有时候，她短暂地睁开眼，冲着我微笑，试图说出一两个字，我努力想要跟她说说话，可是她很快又昏睡过去。当时我还无端对那位护士发了脾气，我怪她给玛丽莲的吗啡量太大，剥夺了我跟玛丽莲说话的最后机会。

另一幕诀别的画面突然浮现在我眼前，我当时在和一些癌症晚期患者做团体治疗，有时候，因为病重，一些成员无法出席我们的团体会面，他们会联系我，问我能不能去家里见他们。通常我都会同意。一天，我接到了伊娃的电话，问我能否家访。她是一位中年女士，卵巢癌晚期，时日无多。她很少错过团体会面，接到她电话的第二天，我出现在她家门口，她的护工让我进了门，领着我去她的卧室。伊娃一直在打瞌睡，当她看到我时，满脸都是笑容，用微弱沙哑的嗓音告诉护工，她要跟我单独谈谈。护工随即离开了卧室。

她看起来很虚弱，曾经响亮的嗓音现在衰弱得如游丝耳语。她说，医生坦言她会不久于世了，建议她住院，但她拒绝了，说自己宁愿死在家中。然后她把头转向我，伸手握住我的手，直视着我的眼睛说："欧文，拜托，最后一个请求，你可以过来躺在我旁边吗？"

我不可能拒绝她——否则，我永远都不会原谅我自己——尽管我脑海里已经浮现出了医学伦理委员们一张张满是严肃的脸。我没有脱鞋，仰面躺在了伊娃的身边，握着她的手，我们聊了大约 25 分钟，彼此道别。我为能给这位亲爱的女士带去些许安慰而感到自豪。

记忆中的这一幕逐渐消散，我的思绪转移到了躺在地下深处棺木里的玛丽莲。然而我不能，也不愿意任由思绪停留在墓穴或棺木上，因为我知道，我亲爱的玛丽莲，她并不真在那里。

我感觉自己好像好些了，悲伤正在减轻，也许混乱和绝望已经放过了我。但不久之后，我收到了帕特·伯杰（Pat Berger）的邮件，她的丈夫鲍勃·伯杰（Bob Berger）和我从医学生时代起就一直是好朋友，直到他三年前去世。在他生命的最后一段时间里，我们一起写了一本书《我要叫警察了》（*I'm Calling the Police*），这本书讲述了他在匈牙利纳粹大屠杀中幸存的经历。帕特的电子邮件里附了一张很漂亮的照片，那是三年前，玛丽莲正站在一棵盛开的玉兰树下。看着这张照片，我和玛丽莲曾经度过的幸福时光重回眼前，这刺痛了我，一下子把我拽回了现实。我很清楚，未来日子里还会有无尽的苦痛。

～

虽然如今我已 88 岁，但还有好多东西要学——主要是学习如何作为一个成年人去独立生活。我这辈子做了好多事，成为医生、照顾病人、教学、写书，为人父，把四个孩子养大成人，他们个个友爱、宽容、充满创造力。然而我自己，从来没有作为一个成年人独自生活过！是的，这太令人震惊了，但这是事实。我自己也很吃惊，而且我在反复念叨这句话：我从来没有作为一个成年人独自生活过！

自打高中我们相遇之后，我和玛丽莲几乎总待在一起，直到她登上火车去马萨诸塞州的韦尔斯利学院上学。我留在了华盛顿特区，在乔治华盛顿大学读医学预科，和父母住在一起，沉浸在紧张焦虑的学习中，其他什么也不会做。

我如此紧张学习是有原因的：当年所有美国医学院犹太学生录取配额只有 5%。我不知道从哪儿获得一个信息，说有的医学院偶尔会提前录取大三的优秀本科生，而不用等到大四。这个信息对我来说太重要了：我太想跟玛丽莲结婚了，那时候跟她约会的哈佛大学学生，条件都那么好，成熟、富有、家世显赫，这对我是巨大的威胁。我想抓住这个机会，缩短跟她分离的时间，于是决心要努力提前一年进入医学院。我想的办法很简单，如果在乔治华盛顿大学三年本科期间，我门门功课都拿A，他们肯定会录取我，会让我进乔治华盛顿大学医学院的！事实上，一切终于如愿以偿！

大学期间虽然没有在一起，但玛丽莲和我仍保持着密切的联系：每天给对方写信，从不间断，偶尔打个电话。（当年华盛顿和新英格兰之间的长途电话费非常贵，而我没有任何收入。）

被乔治华盛顿大学医学院录取后，我只待了一年就转到了波士顿大学医学院，只为离玛丽莲近一些。在波士顿，我在马尔伯勒街租了一间屋子，另外四个医学院学生也住在那里。每个周末我都和玛丽莲待在一起。在医学院的第三年，我们结了婚，此后一生都和玛丽莲共度，直到她去世。我俩先是在剑桥，后来去了纽约，我在那里实习了一年；然后是巴尔的摩，我在约翰斯·霍普金斯大学待了三年；再然后，我在夏威夷服了两年兵役；最后，来到加州帕洛阿尔托市的斯坦福大学，度过我们的余生。

所以现在，在我 88 岁时，玛丽莲去世了，我发现自己有生以来第一次要独自生活了。我被迫做出很多改变。比如，当我看到一个有趣的电视节目时，我想着要告诉玛丽莲，然后，我不得不一次又一次地提醒自己，玛丽莲已经不在了；我要告诉自己，即使玛丽莲不再能跟我一起分享，这些电视节目依然是生命中有价值、有意思的片段，值得被我自己珍惜、欣赏。类似的事件常常发生。一天，我接到一个女人的电话，要求与玛丽莲通话，当我告诉她玛丽莲的死讯时，她开始在电话里抽泣，她告诉我她会想念玛丽莲，玛丽莲对她来说是多么重要。挂了电话，我不得不再次提醒自己，这段经历也一样只能在我这里终结，所有经历都无法再与玛丽莲分享了。

然而我并不是在表达孤独感，而是认识到，即便我不能再与玛丽莲分享我的生活，即便独剩我一人，生活仍然是有意义的、有吸引力的，生活是重要的。

～

圣诞节前几天，我们整个大家族都聚在我家里——我的四个孩子和他们的爱人、六个孙辈以及他们的爱人，大约有二十多人。家里的几个卧室、客厅、玛丽莲的书房和我的书房，全都睡满了。孩子们正在讨论晚餐吃什么，饭后做什么，在那个瞬间我突然僵住了：我能听到他们在说话，可是动弹不得，我感觉自己像一个石雕。孩子们越来越担心："爸，你还好吗？爸，你怎么了？"

然后，有生以来第一次，我泪流满面，艰难地说出以下的话："她不在这儿，哪里都不在。玛丽莲永远、永远也不会知道

175

今晚在这里发生的一切了。"我的孩子们似乎很震惊，他们从没见我哭过。

当全家人聚在一起，庆祝圣诞节和光明节时，每个人都能强烈地感觉到玛丽莲不在了。我们人太多了，所以我们从附近的一家中餐馆订了平安夜的晚餐。等着晚餐送达的时候，我和维克多下了一局国际象棋。下完棋的一瞬间，我有点恍惚，我突然想要对玛丽莲说些什么，可是我知道，她当然不可能在这里。刚才我全神贯注于棋局，现在棋下完了，空虚感一下子攫住我。除了她在法国上大学的第三年外，连续 70 年来，每一年的平安夜我都是和玛丽莲一起度过的。那些年一起度过的所有圣诞节，所有的感受，所有的记忆——圣诞树、礼物、圣诞节唱的歌、做的菜……我都还感受得到，它们无声地在我脑海里诉说。而今年不同：没有欢笑，也没有圣诞树。我感到很冷，很冷，得站在暖气出风口那儿，才能感觉好一些。此刻子孙满堂，享天伦之乐，我非常爱这里的每一个人，但我仍然觉得空落落的。一切的中心不在了。

圣诞节那天，我女儿做的主菜是北京烤鸭；其他人做了各式菜肴，但彼此之间却没有搭配和协调。每个人都知道，也有人提到，假如玛丽莲还活着，我们的平安夜晚餐是不可能叫外卖的，或是这些不相搭配的菜肴。此外，每年圣诞节或光明节晚餐前，玛丽莲都会在开席前正式地、有仪式感地说些什么，一般来说，会诵读一段《圣经》。在这没有她的第一个圣诞节里，我们都感到失落。没有正式的开席，我们只是坐下来开始吃饭。我怀念她充满仪式感的诵读：我一直把这份餐诵仪式视为理所应当，就像我心爱的妻子给予我的其他许多东西一样。

我的孙女阿兰娜，从 16 岁开始每一年圣诞节都会和我一起，按照我妈妈的食谱烤制切基尔饼[○]，已经连续 10 年了。现在阿兰娜已经长大成人，正在念医学院四年级，而且已经订婚，即将结婚。她现在是我们家的切基尔饼烤制小分队的队长了，她和我在头一天晚上准备好面团、酵母和黄油，一大早就把发酵好的面团擀开，加入葡萄干、坚果、糖和肉桂，制作大约 30 个松软可口的甜饼。而今年这一次，我们做这一切的时候心怀悲伤，我们俩都在想，玛丽莲见到甜饼该有多欢喜。

我们的家庭成员越来越多，前几年的圣诞节我们都会抽签决定谁的礼物送给谁。然而今年我们取消了，太多的伤感，令大家都提不起兴趣去选礼物、收礼物。

接下来的几天，孩子们都还住在我这儿，所以我并不担心会感觉到孤独。我们聊天，吃好吃的，一起下国际象棋，玩拼字游戏、打牌。孩子们都离开以后，我一个人度过新年夜。那个感觉出乎意料。我原本就好静，耐得住寂寞。午夜临近，我打开电视，看到各地都在庆祝新年，从纽约时代广场到旧金山。我突然意识到，70 年以来，这是第二个没有玛丽莲在身边的新

○ 切基尔饼（Kichel），又称为犹太领结饼干，是一种犹太传统点心。——译者注

年（上一次是她在法国读大三时）。电视里，时代广场上的人们正雀跃欢呼，迎接新年，而我调低了音量。没有玛丽莲，生活不再真切。悲伤沉重袭来，我知道自己只能独自面对。玛丽莲已经走了。我想象着，她的躯体在棺木里渐渐朽坏，现在，她只活在我心里。

43 天后

第 24 章 独　　居

　　在家无论走到哪里，眼前总是玛丽莲。走进我们俩的卧室，一眼就看到她放在床头柜上的药物。明天我就会跟我们的管家格洛丽亚说，让她把这些都收起来。转头又看到玛丽莲的一副老花镜放在电视室的椅子上，还有好几副散落在浴室里。她怎么会有这么多副眼镜？在她生命的最后几周里，她常常待着的那张沙发旁，放满了数不清的瓶瓶罐罐，都是药，顺着这些药瓶子，我看到了她的手机。我该拿这些东西怎么办？跟大多数事情一样，现在我能回避就回避，都交给孩子们处理。

　　好几个星期过去了，我才勉强打开她书房的门。即便是现在，在她去世六个星期后，我还是不敢走进这间屋子，以免看见桌子上她的东西，睹物思人。她的东西，我还是不想碰，既不想要保留也不想要处理掉。我是有点孩子气，但我不在乎。

直到我想起多年来找我咨询的那些丧亲之人，我才觉得汗颜。他们可不像我这样，有一大家子人可以帮忙清理逝者遗物。

客厅角落里有一张玛丽莲的肖像，背面冲外，正面冲墙。之前，我在《华盛顿邮报》的讣告中看到了玛丽莲的这张照片，非常喜欢，于是我找到底片，让当摄影师的儿子里德给我冲印一张。他把照片装裱起来，作为圣诞礼物带来了。最初几天，我常常凝神注视这张照片，但毫无例外，每次都令我悲痛不已，最终我把它翻过去，面朝墙壁放着。偶尔，我走近它，把它翻过来，深吸一口气，望向她。她是如此美丽，她的双唇似乎在说："别忘了我……你和我，亲爱的，永远……不忘。"我悲痛难忍，转身离开，失声哭泣，不知如何是好。

我该保护自己，远离这种痛苦吗？抑或反其道行之，偏偏一次次地凝视、一次次地流泪？我知道，终有一天，我会重新将它挂回墙上，平静而愉悦地凝望。当我们四目交会，眼神里都会充满着爱意和感激，感激此生曾相伴厮守。写到这里，眼泪止不住地流了下来；我停下来，拂去泪水，透过窗户望着我们的那棵橡树，它的枝干向澈蓝的天空舒展。

我有太多太多的事情，想要和玛丽莲分享。听说社区里我们40多年来常去的药店刚刚关张了，我想象着跟玛丽莲说这个消息时，她脸上失望的表情。还有，我们两个最年长的儿子，多年来一直拒绝跟对方下棋，而今年圣诞他们一团和气地下棋了。还有，之前一直不想学打皮纳克尔纸牌的那个儿子，现在正在学，还开始跟我和兄弟一起玩了。下棋、打牌这些小事都表示我们一家人更加和睦了。哦，我是多么希望能把这些都告诉玛丽莲啊！她一定会非常开心的。

在我阅读其他人的悲伤故事时，了解到，丧亲之痛的表现是多样的。我读过一篇文章，丈夫听着手机中过世妻子生前的语音信息，一遍又一遍地听。读到这里，我不禁心里一抽：若换作我，是断然无法忍痛去听玛丽莲的声音的。我在想，他如此沉溺于悲痛之中，会不会难以重启新生？但或许是我太过严厉了吧！每个人都在以其独有的方式哀悼。

我还读到一篇文章里面举例到，丧妻男性四年内的死亡率远高于伴侣健在的男性，对于那些高度依赖妻子来获得快乐和尊严的男性来说，恐怕更糟糕。然而，这并没有困扰到我：现在奇怪的是，我对自己的生死并不在意。在过去，我曾经频繁地，甚至是太过于频繁地，经历死亡焦虑。我尤其记得好多年前，当我在团体治疗中为癌症晚期病人工作时，做过关于死亡的噩梦。然而，那种焦虑现在却毫无踪迹，想到自己的死，我安之若素。

45 天后

第 25 章　性和哀伤

玛丽莲去世后不久，在等待安葬期间，我老做同一个噩梦。现在想起来，这个噩梦似乎又像是很久之前的事了。那些反反复复挥之不去的画面，让我对强迫性思维的本质和力量有了新的认识。几天之后，噩梦的画面逐渐消失了。之后的几周，我的心绪逐渐宁静。

可是现在，又有新的强迫念头袭来：每当我放松，想要静下心来，比如入睡前，关上灯以后，一些情色念头就会升起，对象都是最近见到的或者我认识的女性，这些画面挥之不去，我试着屏蔽它们，转移注意力，想把它们从我的意识里清除出去。可是，几分钟后，它们就又不请自来，占据我的头脑。情欲和羞耻同时席卷而来，将我淹没。玛丽莲几周前才下葬，我竟对她如此不忠，这让我难以自处。

回顾过去几周，我还发现自己的另一个怪异且有些尴尬的变化：我开始很容易被女性胸部，尤其是巨大的胸部所吸引。我不知道有没有人注意到这一点，但当玛丽莲的朋友们来访时，我需要不断提醒自己，得看着她们的脸，不能盯着人家的胸部。我想起一幅卡通画面（不记得是什么时候第一次看到的，可能是青春期）——一个女人托起一个男人的下巴，凑向自己的脸庞，说道："喂，我在这儿呢！"

有时，久远的记忆也伴随这个新的冲动而来，最近这几天，75年前的一幕常常浮现在我的脑海里。那时候我10岁或11岁，有一天，我因为有什么事儿走进父母卧室，看到母亲赤裸着上半身。见我走进来，她并没有要遮挡，反而就那么赤裸着胸脯站在那里，盯着我看，仿佛在说："尽管好好看吧！"

我记得，很久之前，我曾花了很多时间和奥利弗·史密斯（Olive Smith）讨论这段记忆，他是我在精神科当住院实习医生时科室的精神分析师，曾为我做过600多小时咨询。很明显，现在我身处巨大压力之下，心智退行也是合理的。像个孩子一样，我哼唧着向母亲寻求慰藉。我想起在自己某本书里曾用过的一句话："弗洛伊德并非一无是处。"

这些关于性的强迫念头，令我感到不安和羞愧。脑子里两个声音在吵架。一个声音在说，我怎能玷辱自己同时也玷辱自己对玛丽莲的爱呢？难道我的爱就真的如此肤浅吗？而另一个声音在说，让自己活下去，开始新生活，这不正是我现在的首要任务吗？不过，我仍然为自己玷污了对玛丽莲的记忆而感到羞耻。但话又说回来，对于一个一辈子有人陪伴，突然之间落单的人来说，产生这些念头，或许是非常自然的事情吧。

我决定去研究关于丧亲和性行为议题的文献，读者或许还记得，前面我说过，对现代医学的文献搜索我完全不擅长。于是我找了一位专业帮手，她曾在我和默林·莱兹克兹重新修订那本团体治疗教材第五和第六版时协助过我们。我请她帮我去搜索医学和心理学资料中关于丧亲和性行为的文献，一天以后，她给我发来电子邮件，告诉我她找了好几个小时，但一无所获。她对此表示抱歉，并且说因为什么都没找到，所以她不会收取报酬。"没这个道理！"我回复说，并坚持把费用付给了她。找不到任何文献，这本身就是一个重要的信息。

我转而求助一位斯坦福大学的研究助理，他是我好友兼同事强烈推荐的，我请他花时间搜索相关内容。得到的结果几乎一样：他在医学和心理学文献库里仍旧一无所获，我同样坚持让他接受报酬。

不过，接下来的几天里，两位研究助理陆续发给我一些非专业出版物上的临床文章，比如，其中一篇于 2015 年 11 月刊发在《今日心理学》（*Psychology Today*）上，题目为《关于悲伤：他们不告诉你的 5 件事》，作者是一位叫斯蒂芬妮·A. 萨基斯（Stephanie A. Sarkis）的临床心理医生。文章里第五项明确涉及哀伤中的性行为。

　　你的性欲实际上可能会增加。对很多人来说，经历哀伤时，性欲会减退，但许多人实际上会发觉悲伤增强了性欲。对于那些失去配偶或伴侣的人来说，这可能会特别矛盾。然而，当人们因为悲伤而麻木时，他们发现，性帮助他们去感受到一些东西。当应对死亡成了日常生活的一部分时，性本身就是对生命的一种肯定。

　　这段话里的一些想法令我印象深刻，特别是，当一个人因为悲伤而麻木时，性爱能帮助他们保有一些感受。"麻木"这个词很精准，我就是这种感觉：我现在和我自己的感受隔得很远很远。我整日聊天、吃饭、看电视，然而当我去做这些事情时，我感受不到自己，没有真切感。然而，性的念头在感受上极为真切，它激活了我，让我确认了生命的存在，把我从对死亡的凝视中唤醒。

　　我和几位有类似经历的同事讨论过，他们一致同意这个观点，在哀伤过程中感觉到性唤起，对性有关注，其实很普遍，不过超出了大众的认知。尽管一般说来，在男性身上这个问题更为显著，不过，在女性身上也同样会出现。临床医生同意我的观察：来访者很少会主动讨论性欲增强的感觉，但是，如果治疗师明确询问有关性的问题，许多丧亲者都会做出肯定的回应。似乎大多数承受哀伤的来访者，对此都会感到羞愧，不愿主动提及这个话题。因此，许多关于哀伤的个人叙述里，都回避了与性有关的话题，或者只是旁敲侧击地一带而过。

　　这总算让我松了一口气，原来这种性兴奋的心理现象并不罕见，毫无疑问，性的渴望在哀伤期中起着重要作用。此外，对老年人来说，公开谈论自己的性生活也是非常不容易的，他们不放心跟家人或朋友说，害怕让别人尴尬。而我很幸运，我有治疗师小组的支持，我们会定期见面，已经好几十年了，跟他们的会谈大大帮助我缓解了不适。

48 天后

第 26 章　非现实感

我的儿子本恩带着他的孩子们来看我，三个宝贝分别是 6 岁、4 岁和 2 岁。一天晚上，我看到三个孙子盯着电视机看动画节目，都是关于各种怪兽，小孩子、野兽和逃脱虎口的血腥情节，看着很令人反感，我就"专制"地拿过遥控器换台，想找别的节目给他们看。我很快就发现了一个可爱的动画片，配乐是《胡桃夹子》组曲，主人公们在跟着音乐跳舞。虽然小孩子们都哼哼唧唧地抱怨，但我还是没转台。几分钟以后，谢天谢地，他们停止了嘟嚷，坐在那儿，兴趣盎然地看起来。欣喜之下，我立刻就想要跟玛丽莲分享，我暂停了电视节目，按下录制键，想要录下来给她看，然后我又按了继续播放，孩子们开心地继续看起来。

几分钟以后，我恍然醒悟。我在干吗？录下来给玛丽莲看？玛丽莲已经死了！我再次提醒自己。类似的事已经发生了多次。

～

最近，一个朋友告诉我，我和玛丽莲的几本书正被陈列展出，就在帕洛阿尔托市中心的贝尔书店（Bell's Bookstore）前门桌上的醒目位置。第二天，我拿着手机想去书店，打算拍张照片给玛丽莲看。直到我站在了那条街上，朝书店走去时，现实才再次提醒我——玛丽莲已经死了。

～

在玛丽莲去世前几个月，我们俩在散步时遇见了一位新邻居，这是一位有风度的白发老翁，他显然是个残疾人，正被一个年纪轻些的深色皮肤女人搀扶着，从门前楼梯往下走，准备坐汽车。当时我们想当然地以为，这是他的护工。

圣诞节后的第二天，很少见面的新邻居邀请我去吃晚餐，唱圣诞颂歌。到了他家，老先生和"护工"一起把我迎进屋，很快我就知道了，这位老先生是一位退休的医生，而那位"护工"拥有医学博士和哲学博士学位，她根本不是什么护工，而是老先生的太太！性格开朗，用美妙的嗓音带领大家唱圣诞颂

188

歌。又一次地，我第一反应是：回头我可得告诉玛丽莲这事儿！

即使是现在，我仍然觉得可惜，再无法跟玛丽莲分享这件事了。

～

昨天晚上，我发现英国广播公司（BBC）的电视剧《王冠》（*The Crown*）第三季开播了，几年前，我和玛丽莲曾一起看过前两季。于是我开始专心看第三季，前两集我看得津津有味，直到第三集，我感觉不对，剧情似乎很熟悉，仔细核对后才发现刚刚看的根本就不是第三季，而是早就看完的第一季。我第一冲动就是想告诉玛丽莲，随即又迅速回到现实：玛丽莲永远也不会知晓这一切了。之前她对我的健忘很担心，有时候甚至为此头疼不已，但她若听说我津津有味看了以前曾看过的剧集，直到三小时后才察觉，我能想象到她那开心的模样，连眼睛都会乐到雀跃起舞。写到这里，我感觉到心口被揪了一下，我愿意用我的一切，任何东西，来换她脸上的这一抹笑容。

～

前段时间，我和经纪人将我的小说《斯宾诺莎难题》授权给一位罗马尼亚的编剧改写成剧本；最近经纪人来信告诉我进展：这个项目已经演变成一部 10 个小时的电视剧了，光剧本就有 400 多页。我瞬间就想到："哦，我得赶紧告诉玛丽莲！"几秒钟以后，黑暗的现实笼罩了我：现在只剩下我一人，冷冷清清，无人分享。似乎，只有玛丽莲获知某桩事，才能使它真正成为现实。

60 多年来，我一直围绕着人类心灵学习、观察并扮演疗愈者的角色，所以我难以接受如此不理性的自己。我的病人们，出于种种原因来寻求帮助：有人是为解决关系问题；有人是为更加了解自己；有人则是为了缓解不安的情绪，比如抑郁、躁狂、焦虑、孤独、愤怒、嫉妒、痴迷、单恋、噩梦和恐惧，几乎涵盖了人类心理困难的所有内容。而我的角色就像一个向导，帮助来访者实现自我理解，澄清自己的恐惧与梦想，厘清自己和他人的关系（过去的与当下的），理解自己为何无力去爱，为何感到愤怒。所有努力，其基础无非是这样一个真理：我们能够理性思考，而理解最终会带来解脱。

因此，我这些突发的非理性想法令我十分不安。一想到我大脑中的一部分仍然顽固地相信玛丽莲还活着，我就感到震惊和不安。我总是嘲笑那些非理性的思维，嘲笑关于天堂、地狱以及死后的世界里都有什么之类的神秘概念。我写的那本团体治疗教材里，所有的治疗方法都建立在十二个疗效因子的理性基础之上。《给心理治疗师的礼物》（*The Gift of Therapy*）这本个体治疗教材，有 85 个小章节，详尽叙述了关于个体治疗的要点。我的存在主义治疗教材，是围绕着死亡、自由、孤独和生命的意义这四大存在要素建构起来的，理性、清晰是我的书被世界各地众多课堂广泛选作教科书的主要原因。然而，今天，到头来我自己却陷入如此非理性的境地！

我向以前的学生——现在的精神病学教授和神经生物学家说了我对自己非理性思维的不安。他回答说，记忆不再被认为是一个统合的现象；相反，记忆是由不同的系统组成的，这些系统有不同的神经解剖学位置，它们可以独立工作，甚至可以相互矛盾地工作。他描述了"显性"（或"陈述性"）记忆与"隐性"（或"程序性"）记忆之间的二分法。

显性记忆（explicit memory）是意识层面的，依赖于内侧颞叶结构以及大脑皮层，它涉及已发生事件的记忆的形成和有意识的检索（比如，在意识层面，我知道玛丽莲已经去世了）。而隐性记忆（implicit memory）在很大程度上是无意识的，常常是技能、习惯和其他自动化行为的基础。它在大脑的不同部位工作：基底神经节处理技能，杏仁核处理情绪反应。因此，玛丽莲死亡所带来的痛苦，源自显性记忆的运作；而当我看到书店陈列着我俩的书时，"要跟玛丽莲讲"的情感冲动，则属于业已形成的隐性程序；两者从解剖学角度看，是分而治之的。

这两种记忆可以独立运作，彼此之间没有关联，甚至还可能互相冲突。我这位同行的说法，指明了人类行为和记忆的常态：对人类来说这两种记忆都不可或缺。换言之，我的行为反应并非不理性。共度了 65 年婚姻生活，如果我看到了我俩的书陈列在书店里，即便我知道她已经过世，却没有任何想要告诉她的冲动，那才是奇怪的。

一个人一辈子都能以自己的另一半为荣，是很少见的，但对我来说，这就是一个事实。无论在什么时候，我总是以她为荣。作为她的丈夫，我感到非常自豪，玛丽莲气质优雅又睿智博学，我觉得她真是上天的恩赐。记忆中，无论什么场合，礼堂公众演讲抑或是家中沙龙畅谈，她总是那么美好，始终出类拔萃。

她是一个非常好的母亲，深爱自己的四个孩子，总是那么温良宽厚。我记忆里，从没有见过她与孩子，或者与其他任何人之间有过什么冲突，一次都没见过。和我之间，更是没有。我是否曾对我们的关系感觉不满或者厌倦呢？从未有过！以前我总以为这一切的美好是理所当然的，直到现在，她去世了，我才后知后觉地认识到，执子之手共度一生，幸甚至哉。

距离她去世已经过去了好几周，对她的思念丝毫未减。我不断提醒自己，疗愈的过程是缓慢的，那些我曾经治疗过的病人们，也都会有难挨的好几个月，这是必经阶段。然而，没有人是像我们这样，年少时便情定今生，并终生厮守。

想到这里，我又不免担心起来。

50 天后

第 27 章 麻 木

　　麻木的感觉持续存在。孩子们来看我，我们在社区里散步，一起做饭，下棋，看电影，但我依旧觉得恍惚。跟儿子们下棋的时候，我感觉心不在焉，输或赢都了无意义。

　　昨天晚上有个社区扑克牌赛，儿子里德和我一起去参加。这是自里德成年后，我第一次和他共同参与游戏。我一直喜欢扑克，但是在这场游戏中，在这个时候，我却无法摆脱麻木的感觉。我知道，这听上去是抑郁；即便如此，我还是很开心看到里德赢得三十美金的高兴样子。回家的路上，我想象着，回到家一开门，玛丽莲迎接我俩，我会说："咱们的儿子赢了！"那该有多好。

　　第二天晚上，我和儿子儿媳一起在家看电影，我试着把玛丽莲的那幅肖像放在屋里显眼处，余光可触。可是没过几分钟，我就觉得心口发紧，不得不又将那幅肖像放到视线以外。电影还在继续播放，这种麻木的感觉也一直在。差不多过了半个小时，我意识到，其实几个月前我和玛丽莲已经一同看过这部电影了。我没兴趣再看下去，但随即又想起玛丽莲当时非常喜欢这部电影，我心中涌起一个奇怪的念头："这部电影是我欠玛丽莲的，我得看完。"

我发现，每天的头几个小时，当我沉浸于这本书的写作时，以及作为治疗师工作时，这种麻木感就会暂时退去。今天的来访者是一位二十多岁的女人，她身处困境，找我做咨询："我同时爱着两个男人，一个是我的丈夫，还有一个是去年开始交往的男人。我不知道到底哪一个才是真爱。当我和他们其中一个在一起时，我觉得他就是我的真爱。然而第二天，我对另一个男人也有同样的感觉。我好像需要有人告诉我，到底哪个才是真爱。"

她详细地讨论了这个困境，咨询进行到一半时，她留意到时间，并提到她之前看到了我妻子的讣告，感谢我愿意在这个困难时刻接待她。"我担心，"她说，"在您遭受了这么巨大的丧失和悲痛时，我的问题会给您带来负担。"

"你这么说，我十分感激，"我回应道，"不过，已经过去一段日子了，何况我发现，如果我能做点什么去帮助别人，对我而言反而有帮助。而且，有时候我自己所经历的悲伤和哀悼带来的问题，反倒让我有能力去帮助别人。"

　　"那是怎么做到的？"她问，"您是想到了什么对我有帮助的事吗？"

　　"有没有帮助我现在还不能确定，让我想想……这么说吧，对于我来讲，涉入你的人生故事，让我暂时放下了对自己生活的关注。我在思考你刚才说的话，你不了解真实的自己，所以不知道这两个男人哪个才是你真正想要的。我一直在想你说的真爱。可能这并非重点，但我相信自己的直觉，我要跟你谈谈，刚才的对话在我心中激起了什么。"

　　"此前，相当长的一段时间里，我都觉得，一件事情往往只有在告诉我妻子后，它才是真实的。但是现在，她去世有好几周了，现在我所经历的事、我的感受，都无从与她分享，于是我经历了另一重奇怪的感受，即这些事情或感受，统统不真实；因为，她不知道。显然，这种判定肯定不合逻辑。我不确定我的这些经历与启示，是不是帮得到你，不过，我能确定的是真或不真，完全取决于自己，而且只有自己，我必须承担起全部的责任，去判定'真'或'不真'。就是这样，那么请告诉我，你怎么想？"

　　她似乎陷入沉思，接着，抬起头看着我："是的，这正戳中我的痛点。你说的没错，我确实不信任自己的判断，不知道什么是真的，所以想着要别人——他们两个中的一个，或者是你——来帮我做决定。我的先生比较软弱，我说什么就是什么，全都听我的；另一个男人比较强势，事业成功，很自信，让我有一些安全感，信赖他对现实的判断，可我知道他对酒精长期上瘾，虽然现在参加了匿名戒酒团体，但才几周而已。我想我明白了，不应该靠他们来确认我的真实感。您让我了解到，判定真实与否，是我自己的事，这是我的工作和责任。"

　　咨询快结束的时候，我建议她不要太快做决定，应该继续进行心理治疗，做深入的探索。我推荐给她两位优秀的心理治疗师，并请她几周后给我写邮件，告知我进展如何。她深受感动，说我与她分享了这么多，她都舍不得离去，这一个小时对她而言意义重大。

60 天后

第 28 章　叔本华的帮助

　　我知道，横在我面前的暗淡时光，将是漫长的。多年来，对丧亲者个人及团体治疗的工作，让我明白，在获得实质性改善之前，每个病人都有必要独自一人去经历丧偶后第一年里的各种重大日子：彼此的生日、圣诞节、复活节、新年，以及作为单身男女去参加社交活动。对有的病人而言，一年还不够，可能还要第二年，经历两个轮回。看看我自己，像我和玛丽莲这么深的联结，在这样的情况下，我知道自己正在面对此生中最最黑暗、最最艰难的一年。

　　我的日子过得很慢。尽管孩子、朋友和同事尽力与我保持联系，但访客终归日渐稀少，我自己也没什么这样的愿望和精力。每天收完电子邮件后，我会花很长时间在这本书的写作上，而且不时担心这本书写完了怎么办，因为我想不出除此以外，自己还能做什么别的事。尽管我会和朋友或孩子一起吃饭，但那只是偶尔，越来越常独自一人吃饭，独自一人睡觉。在睡前一成不变的，我会读一会儿小说。最近开始读威廉·斯泰隆（William Styron）的小说《苏菲的选择》（*Sophie's Choice*），但读了几个小时后，我意识到，这本书余后的章节发生在奥斯维辛集中营，我可不想在就寝前阅读有关大屠杀的内容。

我放下《苏菲的选择》，想去另找一本小说，我心血来潮，觉得或许是时候重读一下自己写的小说了。书架上，我的作品陈列有序，这都是玛丽莲生前整理的，我拿起来其中四本：《当尼采哭泣》《叔本华的治疗》《诊疗椅上的谎言》和《斯宾诺莎难题》。

啊，回想当年写作时的热忱，多么令人感慨，那真是我职业生涯里的辉煌时刻。我回想当年这些书的写作情境：在哪里诞生了创作灵感，又如何去完成写作。第一个涌现出来的记忆画面是锡卢埃特（Silhouette）岛，一个位于塞舌尔群岛的美丽小岛，在那里我写下了《当尼采哭泣》的第一章。随后，我又想起了和玛丽莲在阿姆斯特丹的游历，当时我做完了一个团体治疗的讲座，长途驾驶穿越荷兰，去莱茵斯堡参观斯宾诺莎的故居，在返回阿姆斯特丹的路上，《斯宾诺莎难题》的整个故事脉络在脑海中浮现。

我记得我们曾参观过叔本华的出生地，以及他在法兰克福的墓地和雕像；但是，关于《叔本华的治疗》一书的内容，却没什么印象了，比起我的其他书来说，这本书能想起的实在太少了。于是我决定就读这本，这还是我第一次重读自己写过的小说。

这本书读起来引人入胜，总体感觉不错。小说背景是一个治疗团体，其中真正吸引我注意的是故事主角，一个老人，66岁的朱利亚斯（Julius），团体治疗师，他得知了自己罹患致命的黑色素瘤后，正在回顾自己的一生。（不妨想一想：我，今年88岁，正在读自己过去笔下的66岁老人，面对他的死亡。）

这本书有两条线索交错出现：一章讲述治疗团体里发生的故事，接下去的一章就是关于叔本华的生活故事，叔本华有过人的智慧，但也过于神经质。在书里，我描写了一个当代的治疗团体，其中一位成员菲利普（Philip），他是个哲学家，不仅在大学里教授叔本华哲学课程，其本人也像叔本华一样离群厌世。因此，这本书不仅向读者介绍了叔本华的生平和著作，也同时在探索一个问题，像叔本华这样的一个传奇人物——悲观主义者、怀疑论者，能否从一个运作良好（well-functioning）的当代治疗团体中获益。

重读《叔本华的治疗》，带来了强而有效的疗愈。一页一页读过去，我变得愈加平静，对自己的人生感到无比满足。一眼看过去，书中句式、用词无不严谨精准，难怪能吸引到读者！我当年是怎么做到的？写下这本书的那位仁兄，远比现在的我要睿智、博学，哲学和心理学方面知识的储备远胜现在的我。

书中有些句子，读起来令我屏息惊叹。不禁感慨这些真的是我写的吗？当然！不过我再往下读，也会有一些批评的声音冒出来，比如，前面的几章，我干吗引述那么多叔本华反宗教的言论？我干吗旁生枝节去敲打有宗教信仰的人？

我发现，这本小说根本就是我自己人生的写照！这一发现令我惊讶不已。朱利亚斯，那个团体治疗师，他身上有很多我自己的特质，甚至包括我自己的过往经历。同我一样，他年轻时在人际关系上有过困难，此外，他也喜欢赌博，在小说里他投注的棒球彩票，是我在高中的时候真正买过的；甚至他喜欢的棒球运动员们，也都是我的偶像：乔·迪马吉奥和米奇·曼特尔（Mickey Mantle）。小说的治疗团体里，描述了一位女性，她的经历是我自己和葛印卡（Goenka）来往的经历，葛印卡是一位优秀的内观导师，我们结识于印度伊格德布里，那是一次为期十天的静修营。小说中的这一部分完全是自传性的，忠实地呈现了那次印度之旅给我留下的深刻印象，那种清晰明了的感觉，记忆中没有任何其他经历能够比拟。

为了延长阅读时间，我限制自己每晚熄灯前只读一章。现在，每当夜幕降临，我都满怀期待。这是第一次，我尝到了衰老、记忆减退所带来的"甜头"：书中的情节我大都不记得了，所以每一个章节的阅读都会带给我惊喜。我认为这本小说是强而有效的教学指南，可以把团体成员的人际关系难题的定位、澄清和转化，陈述得一清二楚。不过，我也想起了，正是因为我在书中太过强调团体治疗教学，使得这本书并未获得玛丽莲的青睐。我还回忆起了好友默林，他是我那本团体治疗教科书第五版和第六版的合著者。在他的推动下，我的儿子本恩和他的剧团成员一起将书中的这个治疗团体搬上了舞台，在美国团体治疗协会的年会上为众多观众演出，那真是一次了不起的创举啊！

每晚的阅读持续进行，读到团体带领者朱利亚斯进行的一段对小组成员的自白时，我目瞪口呆。

念医学院的时候，我与高中时交往的女友玛丽安结婚了。十年前，她在墨西哥因为车祸去世。说实话，我一直不确定，自己是否已经从那么恐怖的经历里痊愈；然而，我惊奇地发现，自己的哀伤产生了一个奇怪的转变——我在性的方面，欲望激增。

当时我并不知道当人面对死亡时，性欲增强是一种常见反应。在那以后，我见过很多案例，人们在悲痛中变得充满了性能量。有些患者罹患了严重的冠心病，他们曾告诉我，他们的性冲动如此强烈，以至于躺在救护车上被送去急诊时，还去摸了女性医护人员。

我在大约二十年前写的小说，竟然预知了我现在经历的一切：小说里玛丽安死后，主人公所经历的这种"勃发的性欲"，不正是玛丽莲去世后我所亲历的状况吗？文中写的关于"人们在悲痛中变得充满了性能量的案例"的观察，不也是此前我与研究助理花了好大的劲儿搜索文献所寻找的答案吗？可是，这本书是当年我带领丧偶者治疗团体时写的，待到我自己经历丧偶并感受到随之袭来的高昂性欲时，却被忘得一干二净。

每晚的阅读逐渐深入，我愈发感到欣慰，这本小说不仅引人入胜，为当下的我提供了相当大的帮助，而且也是我最好的一本团体治疗师教学指南。这本书的写作初衷是带有教学性质的小说，它写给团体治疗和哲学领域的初学者。我以叔本华为原型，塑造了菲利普这个角色，他是研究"叔本华著作"的哲学教师，这个角色想要转型成为一名哲学取向的咨询师。他所受训的项目，要求他得先作为病人参加一个治疗性团体。和现实中的叔本华一样，菲利普有点分裂性人格特质，冷漠疏离、离群厌世，他在接触自己情绪以及与他人建立关系方面，都有很大的困难。每次被问到有什么感受时，菲利普都说没有。朱利亚斯，团体的带领者，常常用一个我最喜欢的问题来漂亮地应对此类病人，他会问："对所发生的事，假设你会有情绪的话，你觉得可能会是什么？"

这本小说已经被翻译成 30 多种语言，至今仍有人在读。可是写这本书时，我到底身处何方，却一点也想不起来了。假如玛丽莲还活着，她一定会立刻告诉我答案。

63 天后

第 29 章　明显在否认

　　玛丽莲去世已经九个星期了，我在处理哀伤方面没有什么进展。如果从治疗师的角度来评估自己，我会这么说：欧文·D.亚隆，明显抑郁，行动迟缓，麻木恍惚，常伴有绝望感，体重减轻，生活无趣，难享独处，总的来说，在接受他妻子的死亡方面，没有什么进展。病人自述这种糟糕的处境至少要持续一年，感觉极度孤单；在理性上，病人知道应该要与外界保持接触，但是极少主动与外界联系。兴趣减退，没有继续生活下去的强烈愿望。食欲减退，大部分时候对食物无动于衷，常吃速冻食品。病人过去喜欢看网球，但最近只在电视转播上看了几场澳大利亚网球公开赛，其偶像费德勒输球后，他就不再看了。病人认识的年轻球员没几个，对了解他们的兴趣也不大。

　　以上这些，是我对自己的客观观察。确实，现在的我就是抑郁的，只是还没有到达有危险的程度罢了。我确信自己终究会好起来。我曾陪伴过很多失去伴侣的来访者，度过他们的绝望时刻，所以对于自己的预后，心中还是有数的。我并不畏惧死亡，也没有自杀风险。最终，我很可能会死于突发冠心病；而且必须得承认，对这种结局，我大体上是欣然接受的。

近来我正在读一本有趣的回忆录《鳏夫笔记》（*The Widower's Notebook*），作者是乔纳森·桑特洛弗（Jonathan Santlofer）。我感觉自己和他有很多共鸣。作者丧妻几周后（差不多就是我现在这个阶段）第一次出去社交，很多女性与他调情，让他感到很不自在。他知道自己"挺有市场"，毕竟寡妇总是很多，而理想的鳏夫难求。然而他不知道自己该不该回应那些女性发出的性邀约，如果回应，这不是对亡妻的背叛吗？他这一困境，我感同身受，于是我在心里一一梳理在玛丽莲去世后几周内曾接触过的女性。

玛莎（Marsha），是一位60来岁的法国学者，也是玛丽莲的老友，邀我在家附近的一家餐馆见面吃饭。玛丽莲和我跟玛莎夫妇常有往来，这次看到她独自一人赴约，我有点惊讶（也有点高兴）。后来我得知她先生正在美国东海岸旅行。我们这一餐，相谈甚欢，很是亲近，她透露了很多关于她自己的事，都是我之前不知道的。玛莎聪慧，长得也好看，我之前就一直喜欢并欣赏她，今天晚餐时，我发现自己要比之前更欣赏她一点——不，不止是一点。晚餐中，她不时碰触到我的手，我竟心动了。我不在晚上开车很久了，所以那天我是打车赴约的。晚餐后，她坚持要开车送我，即使对她来说并不顺道而是相反方向。回家路上，我感觉很兴奋，心里挣扎不已，要不要请她进家里坐坐呢？然后……然后……谁知道然后会发生什么事呢？但是，谢天谢地，内心激烈交战一番后，我最终掐灭了这个念头。

后来，我躺在床上准备睡觉，回想起这一切，一个领悟突然而至，如雷电般轰然一击："你真把自己当成乔纳森·桑特洛弗了？以为自己跟他一样，畅游单身汉世界？要知道他可是才60多岁，而你自己呢，已经88岁了。没有哪个女人，尤其像玛莎这样年轻了25岁，有着幸福婚姻的女人，会对你或任何一个衰老且去日无多的男人产生兴趣。自古以来，就没有女人会对88岁的老头感'性'趣啊！"

我去日无多，这是摆在台面上的事实。88岁了，还能剩下多少时间？也许一年，也许两三年。88岁，在我的家族里，已经是高寿了。我母亲去世时90岁，除了她，我已经是亚隆家最长寿的了。亚隆家族里，几乎所有的男性长者都死得很早，我父亲50多岁时差点死于冠心病，虽然挺过去了，但最终也只活到了69岁。他的两个兄弟，都死在55岁上下。现在的我，平衡感有问题，需要拄拐行走，胸口还埋着个金属起搏器，来指挥我的心脏按节律跳动。而我，居然会认为，有六七十岁的女人会对我动心？纯属妄想！我，是在否认这一切！而我对自己的天真，感到震惊。当然，否认背后的驱动力，是我多年以来一直在探索并围绕其书写的议题——死亡焦虑。

88 天后

第 30 章　走 出 去

这周有了很大的变化！一周以来，我每天都去参加活动，不是我主动发起的，而是接受了所有的邀约。我想，待我能主动发起活动时，便标志着真正的改善。

星期一伊始，我就收到了一封邮件邀请。

大家好！

欢迎大家来参加巴伦公园（Barron Park）老年人午餐会。

时间：2 月 11 日下午 1 点

地点：珂诺烘焙咖啡厅（Corner Bakery Café），帕洛阿尔托市爱尔卡米诺瑞尔街 3375 号

在前台点餐，老年人享有 10% 的优惠。

我在这个社区生活了将近 60 年，从未收到过类似的邀请，所以我估计这是专门给丧偶老人举办的聚会。不知是通过什么渠道，我被加入了这个邮件群里。我比较内向，一般来说不太会独自去参加这样的活动，不过现在我已经正式独居了，那么……好吧……为什么不去呢？没准会很有趣。老年人的午餐会！毫无疑问，我是老年人，88岁了，很可能是那里最年长的一位。我无法想象90多岁的老人独自去参加这样的活动。

对于自己决定要去参加，我感到有点惊讶。不过我想，也许这会让我遇到些值得在这本书里写一写的经历，而且这个体验大概率会比我再次独自吃一顿从乔氏超市买来的午餐要好。

珂诺烘焙咖啡厅离我家只隔着几条街。大约有20个人去了——15位女性，5位男性。每个人都热情地欢迎我，几分钟后我就感到轻松自在了——比我预想的快多了。整个氛围亲切温暖，对话很有趣，食物也不错。

我很高兴自己参加了这次活动，下个月应该还会去。我估计每天去我家旁边的公园散步时还会碰到今天聚会中的人。我感觉自己终于向新生活迈出了第一步。

星期二，我参加了男性团体的定期聚会。结束后，一位团体成员，也是我的好友兰迪（Randy）开车带我去斯坦福书店参加一场读书会。著名的哈佛医学院精神病学专家和人类学家凯博文（Arthur Kleinman）在那里介绍他的新书《照护》（*The Soul of Care*），书中讲述了他照料妻子八年来的经历，她患了一种极为罕见而又致命的痴呆。克莱曼博士在演讲中阐述疗护的含义，包括其在现代医学中的缺失。我很喜欢他的演讲内容，还有他得体、周到的答疑。

我买下了这本书，排队请他亲笔签名。当轮到我时，他问我的名字。我回答后，他凝视我许久，然后在书上写下这行文字，"欧文，感谢你在'疗护'方面所树立的榜样——阿瑟·克莱曼"。

我深受感动，并为自己而骄傲。我以前从没见过他，至少我不记得了。他提到在 1962 年至 1966 年期间，他曾是斯坦福大学医学院的学生，也许他还上过我的课。我记得在他当学生的那些年里，我为医学院的学生带领过很多八周的会心团体，或许我可以发邮件问问他。

星期三，我和同事兼好友大卫·斯皮格尔在斯坦福大学教职员工俱乐部共进午餐。玛丽莲生病期间，我至少已经有一年没去过那里了，都差点忘了那里有多么令人愉悦。45 年前，我在一次精神病学会议上听到大卫的发言，他思维敏锐而博学，令我赞叹，于是我极力促成他加入了斯坦福大学精神病学系。我们在这么多年里一直都是亲密的朋友。

星期四，我再度来到教职员工俱乐部，和丹尼尔·梅森（Daniel Mason）共进午餐。他是我们精神病学系的年轻成员，还是一位出色的小说家。我搞错了时间，早到了一小时，于是决定去斯坦福书店逛逛，只要几分钟的工夫就走到了。在那里浏览新书让我无比愉悦，我觉得自己就像刚刚醒过来的瑞普·凡·温克尔（Rip Van Winkle）[⊖]。晚上，一位老朋友玛丽·菲尔斯坦纳（Mary Felstiner）来我家晚餐，我们一起观看了金州勇士队的篮球赛。

星期五，我和另一位朋友共进午餐。

星期六，我做的第一件事是去斯坦福健身馆在一名教练的带领下做运动。晚上，女儿伊芙过来陪我。

星期天，儿子里德来和我下了几局国际象棋。

到目前为止，这是我活动最多的一星期，我发现玛丽莲在我脑海中出现的次数少了些。当我写到这里时，突然意识到过去几天里我都没去看过玛丽莲的照片。我马上停下来，从办公室走了120英尺回到屋里。玛丽莲的肖像照立在客厅的地板上，面向墙壁。我把它拿起来，转向自己。她的美震撼我心。纵使我走进坐满上千位女性的房间，我的眼里也只会有她。

那么也许这个星期预示着什么。我不再那么折磨自己了；我想到玛丽莲的时候少了些；最重要的是，我不再认为玛丽莲会知道我想她少了些。

我看着玛丽莲去世后20天时我写的笔记：

⊖ 瑞普·凡·温克尔是19世纪美国小说家华盛顿·欧文所写的短篇小说《瑞普·凡·温克尔》中的主角，故事描述了一位荷兰裔美国村民瑞普·凡·温克尔在一次上山打猎时，因为喝了精灵的仙酒而睡着，二十多年后才醒来，发现世界已经人事全非了。——译者注

　　星期五，负责安抚丧亲之痛的临终关怀社工来探望我。还有哪些我没采取过的又对我有帮助的仪式吗？比如，琼－蒂蒂安（Joan-Didion）在《奇想之年》（*A Year of Living Magically*）中提到善后逝者衣物的仪式。我完全没有参与其中，而是让女儿和儿媳去做的，我也没有过问她们做了些什么，我刻意让自己完全回避。或许我应该参与其中？或许我应该去整理她的衣物、书籍和首饰，而不是回避任何与死去的玛丽莲相关的一切？一次又一次地，我在客厅里深情地凝视着玛丽莲的照片。每一次，泪水都会溢满眼眶，顺着面颊流淌下来。我感到胸口刺痛。什么用都没有。一次又一次地，我被同一片痛苦的潮水吞没。为什么我要这样折磨自己？所有这一切都太不真实了，这感觉十分怪异。玛丽莲依然萦绕我心，我无法让自己明白，她真的死了，不存在了。这些字眼一再地让我震惊。

　　在玛丽莲去世后的第88天，当我再读这些话时，看着她的照片，仍然为她的美所倾倒。我渴望拥抱她，把她的头紧贴在我的胸口，亲吻她。我发觉自己的眼泪少了，没有了锥心之痛，没有了痛苦的潮水。是的，我明白自己再也见不到她了；是的，我知道死亡在等待着我，死亡在等待每一个活着的生灵。然而自从玛丽莲去世后，我自己的死亡还从未出现在我的脑海。虽然想到这些非常沉重，但我并没有被恐惧所吞噬。这就是生命和意识的本质。我对自己已经拥有的心怀感恩。

90 天后

第 31 章　举棋不定

　　我和其他丧偶者一样，常常举棋不定。我尽量回避去做出决定。我在帕洛阿尔托住了将近 60 年，在过去的 30 年里，我还在旧金山拥有一所小公寓，每星期会去那里住上几天。周四周五我会在那儿接待来访的病人。玛丽莲会在周五下午去那儿会合，然后我们在旧金山共度周末。然而玛丽莲生病后，我们再也没有开过一小时的车去旧金山了。公寓就一直空在那里，除了孩子偶尔用一用。

　　我该继续留着旧金山的办公室兼公寓吗？最近脑海中经常冒出这个问题。即使到现在，玛丽莲已经去世三个月了，我还没有离开过帕洛阿尔托。我不太想去旧金山了，其实哪儿我都不想去。我觉得自己好像应付不了路途。自个儿开车上高速已经不安全了，当然，我还可以乘坐出租车，也可以坐火车。我的公寓坐落在一个大山坡的顶上，我重心不稳的毛病恐怕无法允许我上下坡了。我试想着自己如果没有平衡不好的问题会怎样。直觉告诉我，即使走路没问题，我恐怕还是会拖延决定。这太不像我的个性了，我都快认不出自己了，过去的我总是什么都敢做的啊。

继续支付高昂的公寓管理费和税费太花钱了，但我又告诉自己，也许这些费用会被公寓本身的资产增值所抵消。正如对待大多数其他事一样，我选择不去想它，以避免去做任何决定。

汽车也面临同样的处境。我的车库里有两辆车，都是五年车龄，一辆是我妻子的捷豹，另一辆是我的雷克萨斯敞篷车。继续为两辆不怎么用的车支付税费和保险是不明智的。我已经没有自信能在夜间开车了，现在只会在白天开到附近去访友或购物。也许我应该把两辆车都卖掉，然后买一辆安全性更高的车，比如配备盲点监测器，这也许就能让我避免三年前那样严重的车祸重演。有一天，我和两位老牌友吃午饭——我们曾经打过一场持续了大约30年的牌局，其中一位拥有十几家汽车经销机构，我让他帮我检查一下车，报个价，然后给我推荐一款新车。我希望他能为我来做这个决定。

自从一年前玛丽莲开始生病以来，我就没去听过音乐会，看过舞台剧、电影或参加过其他活动——除了那次斯坦福书店的读书会。我一直都喜欢去剧院看演出，最近听说附近的社区要上演一出有趣的舞台剧，我强迫自己邀请女儿同去。然而等我拖延够了以后，这出舞台剧的所有场次都已经结束了。像这样拖延的例子不胜枚举。

我收到一封有关斯坦福进修教育课程的邮件，有两门课让我很感兴趣："生命的意义：克尔凯郭尔（kierkegarrd），尼采以及更多"和"美国文学大师"，后者由我的朋友迈克尔·克雷斯尼主讲。这两门课听上去都很棒，不过我不知道晚上怎么去那儿。如果这两门课的教室都在汽车无法直接开到的楼里，或者需要我在夜里走很长一段路怎么办？这对我来说是不可能做到的。我跟自己说需要提前研究研究。但极有可能我会一直拖延，拖到两门课都没赶上。

这就好像我在等待有人来拯救我。我觉得自己像个无助的孩子。或许我在期盼奇迹——我的无助会让玛丽莲回来。我绝对没有想过自杀，但我此刻比任何时候都更能理解和体会那些想自杀的人的心理。

忽然我的脑海中浮现出一个人，一位独坐的老人，他正望着无限美好的绚烂夕阳，全然沉浸在这环绕四侧的美景之中。啊，我真羡慕他，我渴望能像他一样。

第 32 章　重温自己的作品

　　我的心情又开始变得阴沉暗淡。鉴于此前阅读《叔本华的治疗》对我很有帮助，我决定再读一本自己的书。很奇怪，书架上看上去最不熟悉的反倒是我五年前才刚出版的著作《一日浮生》（*Creatures of a Day*），这是一本有关心理治疗的故事集。遵从过去的阅读习惯，我每晚睡前只读一章。和过去一样，读自己的作品颇有疗效，所以我希望尽可能地延长阅读时间。这本书有一篇前言、一篇后记和十二个故事，很期待接下来的两周我能借此缓解焦虑和抑郁。

　　印在封面和封底上的那些知名人士的推荐语让我很受触动。我自己并不觉得这本书是我最好的作品，但这些推荐语是我收到过的最高赞誉。我读到第三个故事"阿拉伯式舞姿"（"Arabesque"），讲述了我和一位极具个性的俄罗斯芭蕾舞者娜塔莎（Natasha）之间的交流，但令人困惑的是我竟一下子想不起她了。一开始我琢磨这是不是基于索尼娅（Sonia）的虚构故事，索尼娅是玛丽莲的亲密好友，也是一位很有个性的罗马尼亚芭蕾舞者。不过，随着故事慢慢展开，印象便渐渐清晰，娜塔莎确实是一位俄罗斯芭蕾舞者，我只见过她三次，试着帮助她从失去挚爱的伤痛中走出来。

接近故事结尾的一部分尤其打动我——当我们的会面快结束时，我问娜塔莎，她还想问我什么。

她提出了一个极为大胆的问题："你是怎么面对自己已经八十岁、感觉在不断接近生命终点这个现实的？"

我答道："我想到叔本华的一个观点。他把爱的激情比作炫目的太阳，当它在日后的时光中暗淡下来时，我们才会看到那曾经被阳光遮蔽的美妙星空。"

在下一页中我读到，"我很珍惜觉知本身所带来的快乐，我非常幸运能与我相识相知几近一生的妻子分享这些快乐"。在我读到这些句子的时候，我再次意识到，我现在的任务是独自一人去珍惜这份觉知的快乐，没有玛丽莲的相伴。

虽然我现在能记起和娜塔莎的对话，但我无论如何也想不起她的容貌，这似乎从我的记忆中完全消失了。许多年来，我一直抱有这样的想法：只有当再无活着的人记得一个人的面容时，那个人才真正死去了。对玛丽莲和我来说，这就意味着只要最年轻的孙辈们还活着，我们便没有真的死去。这或许是我感到悲伤的一个原因：当我不再记得自己很久以前病人的脸庞时，就好像我松开了他们的手，任由他们飘入了无意识的虚无中。

另一个故事"谢谢你，莫莉"（"Thank You，Molly"），从我的长期个人助理莫莉的葬礼讲起。我在那里偶遇阿尔文（Alvin），一位我曾经治疗过一年的病人，而他也恰好雇用过莫莉。莫莉为我工作了十年，她的面容在我脑海里非常清晰，但我想不起阿尔文的面孔。这十个故事都是类似的情形，尽管我对故事情节非常熟悉，远在读完前就已经想起了结局，可我就是记不起他们中的任何一张脸。

还是在"谢谢你，莫莉"这篇故事里，阿尔文第一次与死亡打照面的那段文字让我深受触动。阿尔文七年级时有位同学是白化病患者，有着"一双大耳朵，一头毛刷似的白发，一双亮晶晶的、充满好奇的棕色眼睛"。他好几天没去学校了。有一天早上，老师对全班同学说，他死于小儿麻痹症。我在这个情节里赋予了阿尔文这个人物一部分我自己的经历：我清楚地记得自己七年级时，班上有个名叫 L. E. 鲍威尔（L. E. Powell）的患白化病的男孩，他是我认识的人当中第一个去世的。我惊讶于自己在 75 年后仍能回想起他的样子、记起他的名字（虽然我几乎不认识他）。我记得他午饭时会吃他妈妈做的黄瓜三明治。我在那之前以及之后都再也没听说过黄瓜三明治。七年级班里的其他同学，我一个都不记得了，之所以还记得 L. E. 鲍威尔，一定是源于我内心最早对死亡这个概念的独自挣扎。

第七个故事有一个吸引人的标题——"你必须不再渴望拥有一个更好的过去"（"You Must Give Up the Hope for a Better Past"）。这句话流传甚广，并非我的原创，然而我找不到任何其他简短的表达可以如此深刻地呈现心理治疗的过程。这个故事让我感触颇深，故事里，我的病人具备极高的写作天赋，但是在漫长的岁月里，她埋葬了自己的作品和才华。

第八个故事名为"去你的，你才得了绝症：向艾莉致敬"（"Get Your Own Damn Fatal Illness: Homage to Ellie"）。我已然淡忘了大部分的故事情节，再读时饶有兴味。艾莉得了转移性癌症，在我们第一次谈话结束前，她深吸一口气问我："我想知道你是否愿意一直和我见面，直到我去世？"这段故事把我带回到自己被死亡焦虑所困扰的那些年。回顾过去时，我很惊讶地发现，在对我自己的心理治疗中很少触及这方面的恐惧。在我所接受的600小时的精神分析中，这个话题从未出现过。我想最有可能的是，我那80岁的精神分析师奥利弗·史密斯自己也在回避这个话题。20年后，当我开始为转移性癌症患者提供团体治疗、陪伴他们走向死亡时，我开始体验到强烈的死亡焦虑。在那时，我开始接受罗洛·梅的治疗，并把很多关注放在死亡焦虑上。虽然罗洛总是推动我走向内心的更深处，但都不太成功。多年后，当我们已经成为亲密朋友，他告诉我，在那些治疗谈话中，我激发了他内心很强烈的死亡焦虑。

艾莉的癌症发展迅猛，我惊叹于她与死亡抗争的力量——她的内心充满直面死亡的信念：

生命是暂时的——对每个人都永远如此。

我的功课是活着，直至死亡。

我的功课是与我的身体和解，去爱她的全部、所有，从而我能够立足于那个稳固的内核，慷慨而有力地去给予这个世界。

也许我能成为朋友和亲人的死亡先驱者。

我决定要做孩子们的榜样——一个如何死去的榜样。

如今回首，我发现她的勇气和语言的力量动人心魂。她去世的时候，我没能与她在一起，当时我正利用三个月的学术假期在夏威夷写书，我觉得自己错过了一个无与伦比的机会，与这位拥有伟大灵魂的女性在生命的最深处相遇。如今我深陷哀伤，感觉与自己的死亡更靠近了，愈发感慨于艾莉的那些话语。啊，多么渴望我能再次想起她的面容，让她又活过来！

100 天后

第 33 章　哀伤治疗的七堂课

朋友们知道我总是在寻找好的小说。最近我收到了许多有趣的建议，但由于希望获得疗愈，我还是选择阅读自己的书，重拾《妈妈及生命的意义》（*Momma and the Meaning of Life*）一书。这本书我在 20 年前完成，是心理治疗的故事书，之后我便再未翻开过。浏览目录标题时，我被第四个故事"哀伤治疗的七堂课"震撼到了！啊，88 岁的悲伤！它与我目前的悲伤是如此切近，我怎么会忘记这个故事呢？这是迄今为止这本书中最长的故事。我急切地翻开这篇故事，记忆被前几行文字唤醒，整个故事突然浮现在我脑海中。

在故事的开头，我描述了与一位密友的谈话。那是一位系里的同事，他让我治疗他的一位朋友——艾琳。艾琳是斯坦福大学的一名外科医生，她的丈夫患有恶性脑瘤，无法手术。

　　我非常想帮助这位朋友，但对于把他的朋友当作我的病人有点纠结：我会被卷入一种混乱的边界，而这是任何一个有经验的治疗师都希望避免的。我听到警钟响起，但为了对我的朋友有所帮助，我把警钟的音量调低了。此外，这个要求也很说得通：在那个特殊时期，我正在研究团体治疗对 80 位丧偶者的影响。我和我的朋友都相信，很少有治疗师比我更了解丧亲之痛。更有说服力的是：艾琳告诉我的朋友，我是唯一一个足够睿智、可以给她做治疗的人——这对我的虚荣心来说，简直正中下怀。

　　在我们的第一次治疗中，艾琳直接跃入深水区，并分享了在我们见面前一个令人震惊的梦："我正在准备的一门课，包括两本不同的教材。一本是古代的，一本是现代的，书名是一样的。这两本我都没有读过，没有准备好这次研讨会。我尤其没有读过古代那本，那是为另一本做准备的。"

　　"你记得文本的名字吗？"我问。

　　"当然，"她马上回复道，"我记得很清楚，每一本的标题都是《纯真之死》（*The Death of Innocence*）。"

　　这个梦让我想到"智慧的佳肴"，来自上帝的礼物——一个知识分子的白日梦成真了。我冒昧地问："你说第一本教材会让你为第二本做好准备。对于这些文本里的内容你有什么了解吗？"

　　"岂止是了解！我完全明白它们的意思。"

221

我等她继续，但她保持沉默。我追问道："那教材的意思是？"

"我哥哥二十岁的死是古代，我丈夫即将到来的死则是现代。"

我们多次提到这个"纯真之死"的梦，也谈到她不让别人靠近，以免受到伤害的坚定信念。早年间就因为这个理由，她决定断绝一切亲密关系。然而，最终，还是有一个男人走进了她的心，一个她从四年级起就认识的人。她嫁给了他，而现在，他快要死了。在第一次治疗中，再明显不过了，透过她粗鲁、冷淡以及有所隐瞒的态度，她无意让我变得对她重要。

几个星期后，她的丈夫去世了，在第二次咨询时艾琳讲述了另一个很有冲击性的梦——这是我的病人描述过的最生动、最可怕的梦："我坐在你办公室的椅子上，但房间中间有一堵墙。我看不见你……我检查了墙壁，看到一小块红色格子织物，然后我认出一只手，接着是一只脚和膝盖。突然，我意识到它是什么，这是一堵由尸体交叠堆砌起来的墙。"

"一块红色格子的织物，我们之间的墙，身体各个部位——你觉得那是什么意思，艾琳？"我问。

"其实不难理解……我丈夫是穿着红格子睡衣去世的……至于你看不到我，是由于所有的尸体，所有的死亡，你无法想象这些，因为你从来没有遇到过什么不好的事情。"

在后来的治疗中，她补充说我的生活是不真实的："温暖、舒适，总是被你的家人包围……关于丧失，你真正知道些什么呢？你认为你会处理得更好吗？假设你的妻子或你的孩子现在就要死了，你会怎么做？就连你穿的那件粉红色的条纹衬衫，我也讨厌它。我讨厌它说的话。"

"它在诉说什么？"

"它在说，我什么问题都能解决。说说你的吧。"艾琳谈起她所认识的失去伴侣的人，"这些人都知道，这是永远也过不去的……那份深埋于地下的死寂只有他们知道……所有的那些活着的人……那些失去了亲人的人……你要我不再眷恋我的丈夫……转而面对新的生活……这是个彻头彻尾的错误……是像你这样从未失去过任何亲人的人，会犯的自以为是的错误……"

这样的话她反复说了数周，直到最后，她终于把我惹恼了，我完全失去了耐心。"所以，只有经历了丧亲之痛的人才能帮助丧亲者？"

"曾经经历过的人吧。"艾琳平静地回答道。

"自从我入行以来，一直听到这种论调，"我反驳道，"只有瘾君子才能治疗瘾君子。对吗？你得有进食障碍才能来治疗厌食症吗？还是抑郁了才能治疗抑郁症？精神分裂症患者来治疗精神分裂症怎么样？"

后来，我告诉她我的研究结果，研究表明每一个寡妇或鳏夫都会逐渐走出对逝去亲人的依恋，而拥有美好婚姻的夫妻更容易完成这个过程，反倒是那些婚姻不美满的夫妻，常常因浪费岁月而陷入悲伤。

听了我的这番话，艾琳完全不受影响，平静地回答道："我们这些哀伤者早就知道你们研究人员想要的答案了。"

这种情况持续了好几个月。我们较劲，我们争吵，但我们始终保持着沟通。艾琳逐渐好转，在我们治疗的第三年开始，她遇到了一个她渐渐爱上的男人，最终结了婚。

110 天后

第 34 章　我的继续教育

星期六清晨，我被脖子痛弄醒了。我从床上爬起来，脖子疼痛、僵硬。这是我第一次这么痛。虽然我用了颈托、止痛药、肌肉放松剂、交替冷热敷，疼痛还是持续了一整个星期。到了我这把年纪，几乎每个人都会遭遇各种身体状况，但这是我第一次面对这样严重的持续性疼痛。

星期一，我照例去和早就约好的神经科医生见面，他在随访我的平衡问题。最可能的原因是我脑子里有一个微小的出血点，但是经过几次 X 光检查还是没能找到确切的证据。除了平衡问题外，神经科医生也关注我所描述的一些记忆问题，他给了我一个长达 15 分钟的口头测试和书面测试。我以为我做得很好，直到他问我："现在请重复我让你记住的五样东西。"我不仅忘记了这五样东西，而且，甚至不记得有五样东西需要我来复述。

　　他对我的表现有点担心，并且预约了三个月后到一个神经心理诊所，去做一次完整的、历时四个小时的测评。没什么比严重痴呆让我更害怕的事了，加之而今我独自生活，这份害怕愈发强烈。我不确定是否想进行测试，即便确诊了也没有什么治疗方法。

　　他也对我能否继续开车表达了顾虑。虽然我并不喜欢听他这样说，但在某种程度上，我也赞同他。我已经发觉自己不再适合驾驶了：我很容易分心，开车时常觉得不舒服，并且已经不开高速，也不在晚间开车了。我原本考虑着把玛丽莲和我的车都卖了，并去买一辆更安全的车，但这次会面改变了我的想法。由于被劝告我不会再开车太久，我放弃了买一辆新车的想法。我决定卖掉玛丽莲在过去六年里很喜欢的车。我给一位拥有几个车行的朋友打了电话，同一天晚些时候，他派了一个雇员来提走了玛丽莲的车。

　　第二天，我戴着一个很不舒服的颈托，反反复复地把它取下来，给我的脖子做冷热敷。我继续寻思着神经科医生对痴呆倾向的担忧。但有一件更加令人不安的事情发生了：当我走到屋外，一眼看到半空着的车库，里面再也没有玛丽莲的车时，一股巨大的忧伤涌上心头。这个傍晚，我想念着玛丽莲，比过往几个星期更甚。我非常后悔出售了她的车。与它分离又一次撕开了悲痛的伤口。

这有毒的鸡尾酒——我的身体所应对着的严重的疼痛、受损的平衡、脖颈不适所带来的失眠，对衰退的记忆的恐惧，玛丽莲的车的消失——把我带到了绝望之境。在最低谷的时候，我连着几个小时都无法动弹，无法做任何事情，甚至无法哀伤。

我就坐在那里，什么都不做，几乎没有自我觉知，有时会这样持续几个小时。有一个朋友会来接我去参加斯坦福大学精神病学系教员的晚宴，但在最后一刻，我打电话让他取消了。我来到我的办公桌前，尝试写作，但文思枯竭，只好放下。我的胃口很差，不愿意吃饭：在过去几天里，我大约瘦了五磅。如今，我全然理解早先我对性执着的评论了——能够有些感觉比起一无所感要好得多。一无所感是对过去几天里我的心态的很贴切的描写。还好，我们最年幼的儿子，本恩，来陪我二十四小时，他的热情和善意让我感觉到活力。

又过了几天，以及更多的按摩后，颈椎疼痛减轻了，到周末的时候，我感觉好多了，可以继续思考并接着写这本书。

～

当我回顾玛丽莲去世后的那几周时，我意识到我上了一堂很棒的研究生课程。亲身体验到了治疗师经常面临的三种充满挑战的情境。首先，是无法遏制的强迫性念头：噩梦以及有关女性乳房和性接触的念头反复出现。所有这些困扰现在都已经消退了，但我永远不会忘记当我试图阻止它们时的无能为力的体验。

接下来就是深刻的令人心碎的哀伤。虽然这份哀伤已经不再使我感到煎熬，但它依然持续着，每次看到玛丽莲的照片时，这份哀伤就会被重新唤醒。在我想起她的时候，我都会潸然泪下。这几行字，是我在玛丽莲的生日三月十日时写的，距离她去世整整一百一十天。

最后，我感受到了令人窒息的压抑。那种麻痹迟钝、了无生机、万念俱灰、如行尸走肉一般的感觉，我将终生难忘。

如今，我开始从一种不同的视角来看我的病人艾琳。一切恍如昨日，我回忆起与她的多次接触，尤其是她批评我舒适、温馨、幸运的生活使我全然无法理解丧亲之痛带给她的重创。现在我终于能客观认真地面对她的这些话了。

艾琳，你是对的。你说我"舒适、温暖"完全正确。现在我经历了玛丽莲的死，如果现在我见到你，我相信我们的配合会有所不同——一定会更好。我不能具体说明我会做什么或说什么，但面对你时我会有全然不同的感受，会找到一个更加真实和更有效的方式与你相处。

125 天后

第 35 章　亲爱的玛丽莲

亲爱的玛丽莲：

我知道，若要给你写信，就破坏了所有的规矩。然而现在我已经写到了我们这本书的尾声，我情不自禁，想要再和你聊聊。你邀请我与你一起写这本书是多么聪慧……不，不，那种说法并不准确，你没有邀请我，你坚持要求我把我自己已经开始的书放一边，来与你一起写这一本。我对你的这份坚持会永远心怀感激——在你去世后 125 天，是这个写作计划让我活了下来。

这本书我们一直是轮流书写，每人一章，直至感恩节前两周，你病得太重以至于无法继续，叮嘱我必须完成这本书。我已经独自写了四个月了，事实上，除了写作，我什么都没做。现在，就要接近尾声了。有几个星期，我在围着最后几章兜圈子，现在我知道了，若不再最后一次和你聊聊，这本书是无法完结的。

我写了多少，又都写了些什么，你是否已经知道了呢？我那颗成熟、科学和理性的头脑告诉我——"不知道，不知道，什么都不知道"，而我那颗孩童般的、软弱、哭泣、蹒跚、情绪化的心却想听到你说："我什么都知道，我亲爱的欧文。我时刻陪伴着你，就在你左右近旁。"

玛丽莲，我要说的第一件事，就是向你坦白和认错。请原谅我，没有经常看你的相片。我把它放在阳光房，但羞愧的是，我一直把它朝向墙壁放着！有那么一段时间，我试着让它朝外，这样在我每次进入房间的时候就可以看见你美丽的眼睛，但毫不例外地，每次看见你的照片，锥心的悲伤都会让我流泪。如今，四个月过去了，这种状况才稍有好转。现在，几乎每一天，都有几分钟时间，我会把你的照片转过来，凝望你的眼睛。痛苦减轻了，爱的暖意又充满了我的全身。然后，我看着另一张刚找到的你的照片。你拥抱着我。我闭着眼睛，欣喜若狂。

还有另一件事我需要坦白：我还没有去你的墓地看过你！我还没有鼓起勇气，每每想到便痛不欲生。但是孩子们每次来帕洛阿尔托时，都会去墓园看望你。

从你最后一次看我们的书到现在，我又写了一百页，此刻，我在写这些收尾的段落。我发现要修改或者删除你的哪怕一个字，都是绝不可能的，因而，我已经请编辑凯特把你的章节进行排版。最后，我描述了你生命的最后几周，最后几天，甚至我守在你身边，握着你的手，你咽下最后一口气的那个时刻。接着，我写了你的葬礼，以及之后发生在我身上的种种。

我经历了深渊一般的哀伤，我从少年起就一直深爱着你，又怎么可能不哀伤？即使现在，我一想到与你共度了一生，就感到无比幸运，我无法理解这一切是如何发生的。那个最聪明、最美丽、最受人欢迎的罗斯福高中的女孩子，怎么会选择与我共度一生？我只是班上的书呆子，国际象棋队的明星，学校里最不擅长社交的孩子！你热爱法国和法文，而我呢，正如你经常说我的，我读出的法语单词，没一个是对的。你热爱音乐，是那样美丽、优雅的舞者，而我则是个音痴，小学老师甚至要我在合唱练习中别出声。而且，如你所知，我就不该走进舞池，以免玷污。然而，你总是告诉我，你爱我，看到我的巨大潜力。我要怎么感谢你才足够？走笔至此，泪流满面。

过去没有你的四个月是我一生中最艰难的时光。虽然孩子们和朋友们打来无数的电话，无数次的造访，我依然感到恍惚和沮丧，感到很孤独。我慢慢恢复着，一直到三个星期前，我卖掉了你的车的第二天早上，当我看到车库里的空地时，我被绝望压垮了，一蹶不振。所幸我找到了一位出色的治疗师，每周都去咨询，帮助很大，我会持续咨询一段时间。

大约一个月前，流行性冠状病毒暴发，整个世界陷入危机之中。这和我们任何人所经历的都不一样，就在此刻美国和几乎所有欧洲国家，包括法国，都处于 24 小时封锁状态。这是前所未有的——所有美国人，法国人，德国人，意大利人，西班牙人必须待在自己的家中隔离。除杂货店和药店外，所有商店都被勒令关门。你能想象偌大的斯坦福购物中心会关闭吗？你能想象巴黎的香榭丽舍和纽约百老汇空空荡荡的样子吗？此刻它正在发生，而且还在蔓延。

以下是《纽约时报》今天上午的头条新闻："印度，第一天，世界上最大的封锁开始——大约 13 亿印度人被告知留在家里。"

我知道你会如何面对这一切：你会担心我，担心孩子们以及遍布世界各地的朋友们，会为世界正面临的崩溃感到忧心。你不必经历这一切了，这让我感到由衷的欣慰：你听从了尼采的建议——死得其时！

三周前，疫情刚开始暴发时，女儿决定临时搬来和我一起住。你知道的，伊芙即将从凯撒（Kaiser）⊖退休。当你的孩子退休时，你就知道自己是真的老了。过去几个星期里，她所在的妇产科已经能够在网上接诊。伊芙一直是上帝赐给我们的礼物。她把我照顾得很好，我的焦虑和抑郁已消退。我想是她保住了我的老命。她确保我们得以真正隔离，不与任何人进行身体接触。当我们在公园散步，在路上遇见熟人时，我们戴着口罩，就像如今每个人一样，我们努力与任何一个路过的人保持六英

⊖　美国的一个医疗保险机构。——译者注

尺距离。昨天，我一个月来第一次坐车出门。我们开车到斯坦福大学，从人文中心开始散步，步行到椭圆形大草坪。校园里有几个戴着口罩的行人，目之所及一片空寂，书店、特雷西德学生中心（Tressider Student Union）、教师俱乐部、图书馆全部空空荡荡。整个校园都关闭了，看不到一个学生。

在过去的三个星期里，除了伊芙和我之外，没有人来过咱们家，任何人都没来过，甚至我们的管家格洛丽亚也没有。我将继续支付格洛丽亚薪水，直到她安全返回。园丁也如此，政府命令他们留在家里不许出门。像我们这样的老人非常脆弱，我可能也会死于这种病毒，但是现在，自从你离开后，我想我可以对你说："别担心我，我又开始重新回归生活了。"你总是在我身边，每时每刻。

很多次，玛丽莲，我徒劳地在回忆中寻觅——回忆我们见过的人、我们的一些旅行、我们看的戏、我们吃饭的餐馆，但是所有这些事情都从记忆中消失了。我不仅失去了你——世界上最珍贵的人，而且我的许多过往也都随你而逝了。我曾预想，当你离开我时，你会带走我过往生命的一大部分，而今一语成谶。比如，前几天我回忆起几年前我们去过一个与世隔绝的地方，我记得我带了马可·奥勒留的《沉思录》（The Meditations of Marcus Aurelius）一书。为了保证我会读完整本书，我没有带其他书。我记得我是如何反反复复、细细品读一字一句的。然而，我们去的是哪里，我无论如何也想不起来了，是一个岛屿吗？墨西哥？究竟是哪里？当然这不重要，但想到如此美好的回忆永远消失了，仍然令人不安。还记得我读给你听的那些段落吗？还记得我说过：当你死后，你也将带走我大部分的过去？事实上，这一切已经发生了。

另一个例子，有天晚上我重温了"九命怪猫的故事"（"The Hungarian Cat Curse"），《妈妈及生命的意义》中的最后一个故事。你可能还记得，这个故事的主角是一只会说话的匈牙利猫，它害怕失去第九条命（最后一条命）。这是我写过的最具想象力、最怪诞的故事。我搜寻我的生活和回忆，实在想不起这个故事的灵感从何而来。是什么启发了我？和我的匈牙利朋友鲍勃·伯杰有关吗？我想问你，我究竟是受什么启发，写出这篇离奇的故事。毕竟，还有谁曾经写过一个治疗师与一只会说话的匈牙利猫的咨询故事呢？我相信你会清楚地记得这个故事的来源。不止一次，玛丽莲，我徒劳地搜寻我的记忆：我不仅失去了你——我在世上最珍贵的人，而且我大部分的世界也随你而去了。

我很确定自己在接近生命的尽头，然而奇怪的是，对死亡，我很少感到焦虑——内心异常平静。现在，每当我想起死亡，"要和玛丽莲会合"的想法就会抚慰到我。或许我不该质疑一个能安慰到我的想法，但我不能回避内心的疑虑。所以，"和玛丽莲会合"，到底意味着什么？

你还记得吗，我希望和你躺在同一副棺木里。你告诉我，在写美国墓地那本书的几年间，未曾听闻有装着两个人的棺木。我才不管呢：我要你知道，想到你和我躺在同一副棺木里，让我感到安慰，我们的身体相互依偎，我们的头相互倚靠。没错，没错，理性的我也知道，你和我不会在那里——棺木中是没有感情、没有灵魂的腐化的骨肉。然而，抚慰我的是这个念想，而非现实。我，一个极端的唯物主义者，抛却理性，完全沉浸于不切实际的幻想中，想着如果你和我躺在同一副棺木里，那么我们就能永远永远在一起了。

当然，这绝非现实。当然，我永远不能与你会合了。你和我都将不复存在。这是个神话！从 13 岁起，我就从未认真对待过任何宗教或精神上对来世的看法。然而，事实上，我，一个虔诚的怀疑论者和科学家，却从和我死去的妻子会合的想法中获得了安慰，这证明了我们对永存的极其强烈的愿望，以及我们人类对遗忘的恐惧。我再次对魔法思维的力量和安慰充满敬意。

当我写着这最后几行字时，有一个不同寻常的巧合发生了：我收到了一封来自读者的电子邮件，他读过我的书《成为我自己》（*Becoming Myself*）。这是信的结尾：

> 但是，亚隆医生，为什么如此惧怕死亡呢？身体死了，但意识就像一条河，流过时间……当死亡到来时，是时候告别这个世界，告别人类，告别家庭了……但这并不是结束。

"这并不是结束"——自从有记录的历史以来，人类就紧紧抓住这个想法不放。我们每个人都害怕死亡，都必须找到一种方法来应付这种恐惧。玛丽莲，我清楚地记得你一再重复的话语，"一个对自己的生命毫无遗憾的 87 岁老妇人的死，不是悲剧"。有个理念萦绕我心——你活得越充实，便死得越坦然。对我而言，这便是真理。

我们最喜欢的一些作家就是这种观点的拥护者。记得卡赞扎基斯（Kazantzakis）笔下热爱生命的佐尔巴说道："只给死亡留一座焚毁了的城堡。"还记得萨特（Sartre）在他自传中的话，你曾念给我听："我正悄悄地走向尽头……可以肯定的是，我的最后一次心跳将铭刻在我作品的最后一页，死亡将只能带走一个死人而已。"

我知道，我会以另一种形式存在于那些认识我、读我作品的人的心中，但是，在一两代人之后，任何曾经认识过血肉之躯的我的人也将消失。

我将以纳博科夫自传《说吧，记忆》（Speak，Memory）中流传千古的卷首语作为本书的结语："摇篮在深渊之上轻摇，常识告诉我们，我们的存在只是两团永恒黑暗之间，一道短暂的光隙。"那景象既令人震撼又令人平静。我靠在椅子上，闭上眼睛，从中获得了慰藉。

欧文·亚隆经典作品

《当尼采哭泣》

作者：[美] 欧文·D. 亚隆　译者：侯维之

这是一本经典的心理推理小说，书中人物多来自真实的历史，作者假托19世纪末的两位大师——尼采和布雷尔，基于史实将两人合理虚构连结成医生与病人，开启一段扣人心弦的"谈话治疗"。

《成为我自己：欧文·亚隆回忆录》

作者：[美] 欧文·D. 亚隆　译者：杨立华 郑世彦

这本回忆录见证了亚隆思想与作品诞生的过程，从私人的角度回顾了他一生中的重要人物和事件，他从"一个贫穷的移民杂货商惶恐不安、自我怀疑的儿子"，成长为一代大师，怀着强烈的想要对人有所帮助的愿望，将童年的危急时刻感受到的慈爱与帮助，像涟漪一般散播开来，传递下去。

《诊疗椅上的谎言》

作者：[美] 欧文·D. 亚隆　译者：鲁宓

世界顶级心理学大师欧文·亚隆最通俗的心理小说
最经典的心理咨询伦理之作！最实用的心理咨询临床实战书
三大顶级心理学家柏晓利、樊富珉、申荷永深刻剖析，权威解读

《妈妈及生命的意义》

作者：[美] 欧文·D. 亚隆　译者：庄安祺

亚隆博士在本书中再度扮演大无畏心灵探险者的角色，引导病人和他自己迈向生命的转变。本书以六个扣人心弦的故事展开，真实与虚构交错，记录了他自己和病人应对人生最深刻挑战的经过，探索了心理治疗的奥秘及核心。

《叔本华的治疗》

作者：[美] 欧文·D. 亚隆　译者：张蕾

欧文·D. 亚隆深具影响力并被广泛传播的心理治疗小说，书中对团体治疗的完整再现令人震撼，又巧妙地与存在主义哲学家叔本华的一生际遇交织。任何一个对哲学、心理治疗和生命意义的探求感兴趣的人，都将为这本引人入胜的书所吸引。

更多>>>　《爱情刽子手：存在主义心理治疗的10个故事》作者：[美] 欧文·D. 亚隆

心理学大师经典作品

红书
原著：[瑞士] 荣格

寻找内在的自我：马斯洛谈幸福
作者：[美] 亚伯拉罕·马斯洛

抑郁症（原书第2版）
作者：[美] 阿伦·贝克

理性生活指南（原书第3版）
作者：[美] 阿尔伯特·埃利斯 罗伯特·A.哈珀

当尼采哭泣
作者：[美] 欧文·D.亚隆

多舛的生命：
正念疗愈帮你抚平压力、疼痛和创伤（原书第2版）
作者：[美] 乔恩·卡巴金

身体从未忘记：
心理创伤疗愈中的大脑、心智和身体
作者：[美] 巴塞尔·范德考克

部分心理学（原书第2版）
作者：[美] 理查德·C.施瓦茨 玛莎·斯威齐

风格感觉：21世纪写作指南
作者：[美] 史蒂芬·平克

哀伤治疗：陪伴丧亲者走过幽谷之路
[美] 罗伯特·内米耶尔 著
ISBN：978-7-111-52358-1

哀伤的艺术：用美的方式重构丧失体验
[美] 罗琳·海德克 约翰·温斯雷德 著
ISBN：978-7-111-66627-1

拥抱悲伤：伴你走过丧亲的艰难时刻
[美] 梅根·迪瓦恩 著
ISBN：978-7-111-68569-2

优雅的离别：让和解与爱相伴最后的旅程
[美] 艾拉·比奥格 著
ISBN：978-7-111-59911-1